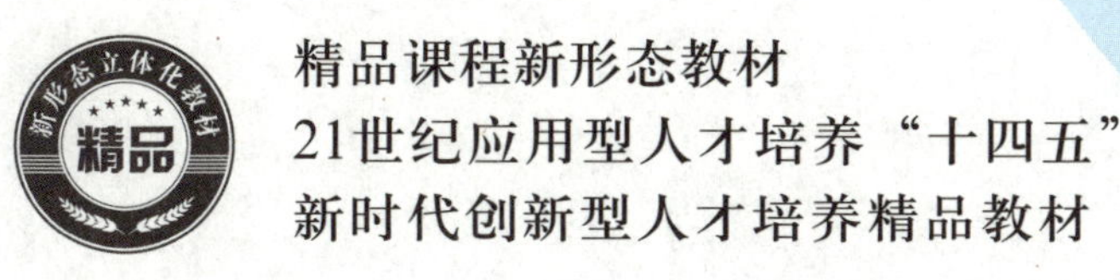

精品课程新形态教材

21世纪应用型人才培养“十四五”规划教材

新时代创新型人才培养精品教材

短视频编辑与制作

姚 望 主编

中国商业出版社

图书在版编目(CIP)数据

短视频编辑与制作 / 姚望主编 .—北京 ：中国商业出版社，2024.4

ISBN 978-7-5208-2859-8

Ⅰ.①短… Ⅱ.①姚… Ⅲ.①视频制作 Ⅳ.①TN948.4

中国国家版本馆 CIP 数据核字(2023)第 247365 号

责任编辑：聂立芳
策划编辑：张　盈

中国商业出版社出版发行
（www.zgsycb.com 100053 北京广安门内报国寺 1 号）
总编室：010-63180647　编辑室：010-63033100
发行部：010-83120835/8286
新华书店经销
涿州汇美亿浓印刷有限公司印刷

* * * * *

787 毫米×1092 毫米　16 开　15 印张　272 千字
2024 年 4 月第 1 版　2024 年 4 月第 1 次印刷
定价：47.00 元

* * * * *

（如有印装质量问题可更换）

《短视频编辑与制作》编委会

主　编：姚　望

副主编：廖娟娟　雷　英　何　源　秦　峰

贤海玲　申晓敏　黄静寅　余　珺

前　言

随着移动互联网的迅猛发展，短视频作为一种主流的传播渠道，以其高效性和低成本的特点，为互联网营销提供了全新的可能。对于从业者来说，他们需要克服传统营销方式失效的困扰，学会具体的短视频剪辑与制作方法技巧，打造“爆款”内容，吸引用户的注意力。

党的二十大报告指出：“推进文化自信自强，铸就社会主义文化新辉煌。”“加强全媒体传播体系建设，塑造主流舆论新格局。”这为广大教育工作者和短视频从业者厘清了思路，指明了方向，为汇聚奋进新征程提供了根本遵循。

本书详细介绍了短视频剪辑与制作的基础知识及其在商业运营中的应用。教材以短视频核心知识要点为载体，介绍了短视频与新媒体营销的基础知识、短视频内容脚本策划，以及短视频拍摄与剪辑的各种技巧与方法。同时，还对各大类型短视频，包括风景、美食、Vlog 等类型做了细分精讲，旨在培养和提升读者的短视频剪辑制作和商业运营能力。它既可以作为经管类和艺术设计类等专业教材，也可以作为短视频从业者与爱好者的自学用书。

本书由姚望独立编著。在编写过程中，作者得到了诸多亲人朋友的帮助，特别是作者妻子高琳悦，在此向他们致谢。虽然本书在编写过程中力求精准、完善，但书中难免有疏漏与不足之处，恳请广大专家与读者批评指正。

编　者

目录

Contents

第一章
短视频与新媒体营销的基础知识

学习导图

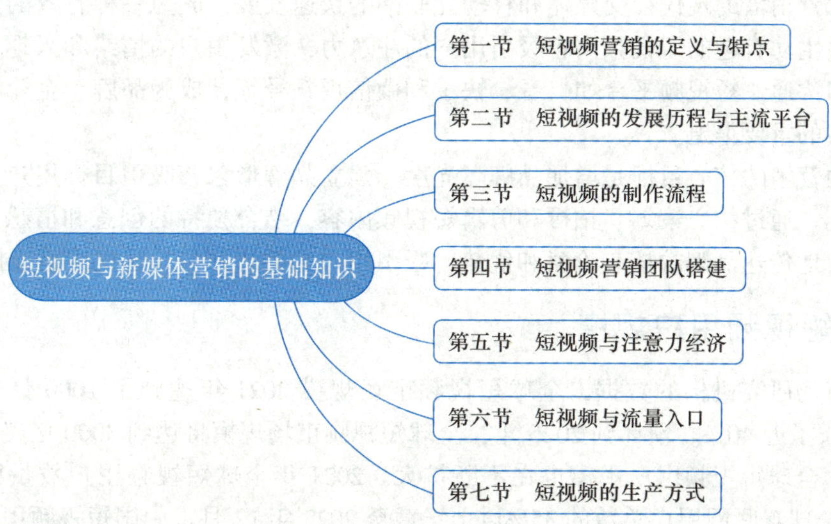

知识目标

1. 了解短视频的基本概念
2. 了解短视频行业的发展
3. 了解短视频的类型与生产方式

能力目标

1. 能够熟悉短视频的制作流程
2. 能够分析短视频的流量入口

思政目标

1. 坚持社会主义核心价值观，把握短视频内容制作的正确方向
2. 增强遵守法律法规及短视频平台规则的意识
3. 牢固树立网络安全与国家安全意识
4. 坚定理想信念，在短视频创作中树立正确的事业观和价值观

第一节 短视频营销的定义与特点

一、定义

短视频营销是一种利用短视频平台和工具，通过创作、发布和推广短时长的视频内容，以达到品牌推广、产品宣传、用户互动和销售转化等营销目标的策略和实践。

短视频营销借助现代社交媒体和移动互联网的快速发展，成为一种有效的数字营销方式。它通过生动有趣的短视频内容吸引用户的注意力，激发用户的情绪和兴趣，并与用户进行互动和沟通。短视频平台如抖音、快手和微信视频号等，成为品牌、企业和个人推广自身和产品的重要渠道。

短视频营销的核心目标是增加品牌曝光度、建立品牌形象、吸引目标用户、促进用户参与和转化。通过精心策划、拍摄和剪辑短视频内容，结合独特的创意和情感元素，营销者可以有效地传达品牌的核心价值和优势，吸引用户的关注并与其建立情感连接。

二、短视频用户规模

根据市场研究机构的数据，全球短视频市场规模 2021 年达到了 1000 亿美元，相比 2020 年增长了近 40%。预计到 2025 年，全球短视频市场规模将达到 3000 亿美元。

同时，全球短视频用户规模也在不断扩大。2021 年全球短视频用户数量已经超过了 30 亿，占全球互联网用户总数的 35%以上。截至 2022 年 12 月，中国短视频用户规模已经达到了 10 亿，占中国互联网用户总数的近 80%，如图 1-1 所示。

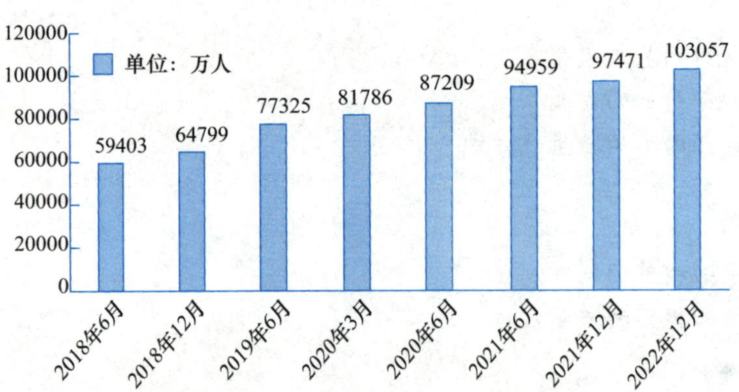

图 1-1 中国短视频用户增长规模

从用户特征来看，短视频的用户主要以年轻人为主，其中又以女性用户居多。根据市场研究机构的数据，中国短视频用户中女性用户占比达到了 60%以上。此外，短视频用户的受教育程度普遍较高，其中大学及以上学历的用户占比达到了近 60%。

三、特点

（一）高效性

短视频以简洁有力的形式呈现，能够迅速激发用户的兴趣和共鸣，激发他们的情感和好奇心。相对于传统的文字内容或长视频，短视频更易于消化和分享，能够在短时间内传递核心信息，提高用户的留存率和参与度。在抖音上，许多品牌和内容创作者利用短视频的高效性迅速吸引用户的注意力。例如，一家时尚品牌制作一段 15 秒的视频，展示最新的服装款式，吸引用户立即关注和购买。此外，如图 1-2 所示，抖音上的美食博主经常发布短视频教程，展示制作美味食物的过程。这些短视频在短时间内展示了菜品的制作步骤，方便快捷地传达给用户，激发他们的食欲和好奇心。

图 1-2　抖音美食类短视频

（二）即时性

抖音、快手和微信视频号等短视频平台的特点之一是信息传递的即时性。短视频可以迅速制作、编辑和发布，使品牌能够及时回应当前的热点事件、行业趋势和用户关注的话题。例如，在某个特定的节日或活动期间，品牌可以制作与之相关的短视频内容，与用户分享节日祝福或促销活动，从而更好地与用户建立联系，如图 1-3 所示。

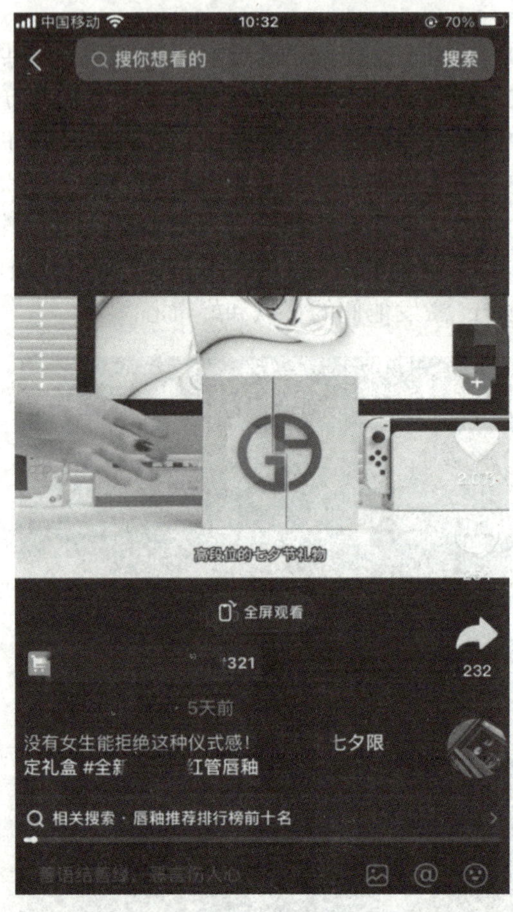

图 1-3　抖音节日促销短视频

（三）互动性

通过社交媒体平台的互动功能，用户可以直接评论、点赞和分享短视频，与品牌或内容创作者进行实时互动。这种互动性可以增强用户对品牌的认知和好感，提高用户忠诚度，并为品牌建立良好的口碑。例如，微信视频号允许用户在短视频中添加购物、问答等互动元素，品牌可以利用这些功能与用户进行实时互动，增强用户参与感和黏性。例如，健身品牌可以在短视频中添加健身挑战，鼓励用户在评论区分享他们完成挑战的视频，并回答一些与健身相关的问题。抖音和快手都提供了点赞、评论和分享等互动功能，用户可以直接与视频创作者进行互动。如图 1-4 所示，一个搞笑短视频在抖音上引发了用户的笑声，用户可以通过评论表达他们的喜爱之情，并将该视频分享给他们的朋友，形成传播效应。

（四）个性化

短视频平台提供了个性化推荐的功能，根据用户的兴趣、行为和偏好，为他们推荐符合其喜好的短视频内容。品牌可以利用这个功能，通过深入了解目标受众的兴趣和需求，制作与他们相关的个性化短视频。如图 1-5 所示，某时尚品牌根据用户的购买历史和喜好推送定制化的时尚穿搭指南，展示如何将品牌的服装与个人风格相结合。

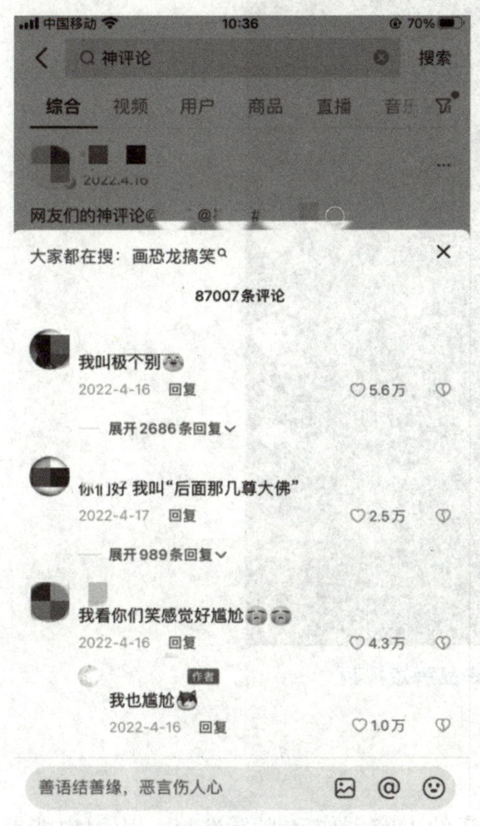

图 1-4　抖音搞笑短视频评论

图 1-5　抖音时尚个性化短视频

（五）创意性

在短视频中，创作者可以运用视觉特效、音效、文字和动画等元素，以及剪辑和拍摄技巧，创造出吸引人的内容。这种多样性为品牌提供了更多的创作空间和表现方式，使其能够更好地与目标受众进行情感共鸣，并突出品牌的独特性和个性。在抖音上，很多品牌和内容创作者通过独特的剪辑技巧和视觉特效创造令人印象深刻的短视频内容。如图 1-6 所示，一汽车品牌通过快速剪辑和切换不同角度的镜头，展示汽车的动态外观和性能，吸引用户的注意。在快手上，一些舞蹈创作者通过舞蹈动作的独特编排和创意表现，创作出令人赞叹的舞蹈短视频。这些创意性的舞蹈短视频在快手平台上引发了热潮，吸引了大量用户的关注和参与。

图 1-6　抖音汽车品牌短视频

（六）多样性

抖音、快手和微信视频号等平台提供了广泛的内容创作和观看选择，让用户能够享受多样化的视听体验。如表 1-1 所示，各大短视频平台特点如下：

表 1-1　各大短视频平台的特点

平台	特点
抖音	创意、有趣、娱乐化、注重表演和特效
快手	草根化、真实、生活化、纪实风格、注重个性和独特性
西瓜视频	内容丰富、涵盖广泛的内容类别，包括影视、游戏、音乐、美食
微信视频号	社交属性、传播性强、短小精悍、注重社交分享和互动
微博	热点话题、舆论中心、信息传播平台、注重舆论讨论和传播

1. 创作多样性

短视频平台为用户和内容创作者提供了广泛的创作机会和形式。用户可以通过拍摄和分享日常生活、才艺展示、旅行经历、美食制作等各种内容来表达自己。同时，创作者们也可以运用各种创意和技巧，以不同的风格和形式来制作短视频，如搞笑、教程、时尚、美食、音乐等。这种多样性使得平台上的内容丰富多彩，能满足不同用户的兴趣和需求。

2. 观看多样性

短视频平台为用户提供了丰富多样的观看内容。用户可以根据自己的喜好和兴趣，在平台上浏览各种类型的短视频，如旅行、新闻、体育等。平台上的内容涵盖了各个领域和主题，用户可以根据自己的需求选择观看，获得多样化的娱乐和知识。

3. 文化多样性

短视频平台也成为不同文化和地域的用户用来交流和展示的平台。不同地区和国家的用户和创作者可以通过短视频分享自己所在地的文化特色、传统习俗、当地风景等，从而让更多人了解和体验其他文化。这种文化多样性丰富了短视频平台上的内容，促进了跨文化的交流和理解。

4. 社会多样性

短视频平台上的用户来自各个年龄段、职业、背景和兴趣群体。这种社会多样性使得平台上的内容更具包容性和多样性，能够满足不同用户的需求和喜好。同时，短视频也成为人们分享社会事件、关注社会问题、传递价值观念的重要渠道，让不同声音和观点得以表达和传播。

第二节　短视频的发展历程与主流平台

短视频在我国的发展历程可以追溯到2012年，当时一款名为“秒拍”的应用（如图1-7所示），受到广大用户的欢迎。这款应用允许用户拍摄、编辑和分享15秒的短视频，为用户提供了一种新颖、简洁的内容创作方式。

图1-7　秒拍logo

2014年，由北京快手科技有限公司推出的快手App问世，如图1-8所示，它最初是一个以女生自拍为主题的短视频平台。随着时间的推移，快手逐渐转型为一个综合性的短视频社交平台，涵盖了各种类型的内容创作，吸引了大量用户的关注。快手的用户群体相对广泛，涵盖了各个年龄段和兴趣领域的用户，使其成为我国最受欢迎的短视频应用之一。

图 1-8 快手 logo

真正将短视频推向巅峰的是后来出现的抖音。抖音于 2016 年推出，如图 1-9 所示，由字节跳动公司开发。它以短视频为主要内容形式，用户可以录制和编辑 15 秒至 60 秒的短视频，并可以添加背景音乐、特效和滤镜等。抖音以其独特的算法和个性化推荐功能，迅速在年轻用户中走红。抖音的快速崛起引起了整个社交媒体行业的关注，成为我国新媒体领域的一匹黑马。

图 1-9 抖音 logo

随着抖音的崛起，短视频逐渐成为我国互联网领域的热门话题和主流趋势。越来越多的用户加入短视频创作和分享的行列，各种类型的短视频内容如搞笑、美食、音乐、舞蹈、教育等涌现出来。短视频平台也在不断创新和升级，提供更多的功能和工具，以满足用户的需求。

跟抖音几乎同一时期推出的西瓜视频，同样它提供了丰富多样的短视频内容。该 App 同样由字节跳动公司推出，包括影视、娱乐、科技、美食、旅游、时尚等多个领域，吸引了大量年轻用户的关注。

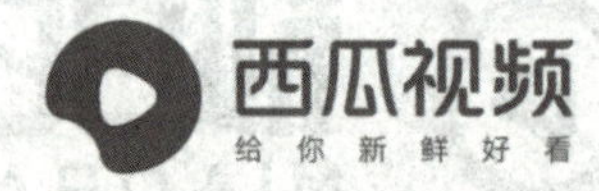

图 1-10 西瓜视频 logo

西瓜视频的特点在于它提供了高质量的视频画质和流畅的视频播放体验。和抖音一样，西瓜视频还提供了多种个性化的推荐算法，根据用户的观看历史和兴趣偏好，推荐符合其口味的视频内容。这使得每个用户在西瓜视频中都能找到自己喜欢的内容，享受到更加个性化的观看体验。

随着短视频市场竞争的白热化，用户在抖音、快手上的使用时长还是给微博造成了不小的压力。2018 年，微博悄然上线短视频产品，微博短视频，如图 1-11 所示，是一款深受年轻人喜爱的短视频社交应用，它允许用户录制 15 秒至 60 秒的短视频，并添加各种滤镜、音乐和文字，然后上传到微博与广大网友分享。

图 1-11　微博 logo

与其他短视频应用相比，微博短视频拥有强大的社交属性。用户可以将自己的短视频分享到微博上，与粉丝和其他网友互动交流。此外，微博上还有许多明星和网红使用微博短视频进行直播、互动和分享，这也增加了用户对应用的黏性。

虽然腾讯 2013 年就推出了微视 App 来布局短视频赛道，但在跟抖音、快手竞争中一直处于下风。2020 年，腾讯基于微信生态，推出了微信视频号（如图 1-12 所示）。作为微信内置的短视频功能，微信视频号为用户提供了在微信生态系统内创作和分享短视频的机会。这使得微信的庞大用户群可以更加方便地接触和观看短视频内容，同时也为品牌和企业提供了一个新的推广渠道，也让短视频赛道的竞争变得愈发激烈。

图 1-12　微信视频号 logo

第三节　短视频的制作流程

一、内容定位

首先需要明确短视频的内容定位，确定目标受众和传达的核心信息；其次根据受众喜好、市场需求和品牌定位等，选择适合的主题和风格，确保短视频能够吸引目标受众的关注。

二、脚本撰写

在确定内容定位后，脚本撰写是制作短视频的重要步骤。剧本应包含清晰的故事情节或主题，结构合理，具备吸引力和引发情绪的要素。根据剧本进行场景设定、角色设置和对白创作，确保短视频能够有吸引力和连贯性。

三、前期拍摄

前期拍摄包括选址、布置场景、选角、化妆等准备工作。要根据剧本需求，选择合适的拍摄地点和进行场景搭建，确保背景和道具与故事情节相符。同时，进行角色选定和化妆工作，确保演员形象和角色设定一致。在前期拍摄阶段，还需要安排拍摄计划和确定拍摄方式，包括使用的摄像设备、光线设置和拍摄角度等。

四、后期制作

后期制作是短视频制作的重要环节，包括视频剪辑、音频处理、特效添加等。在后期制作中，要通过剪辑将拍摄的素材进行整合和编辑，保证视频的流畅性和故事的连贯性。同时，要进行音频处理，包括音效的添加、音频平衡的调整等。根据需要，还可以添加特效、字幕和动画等，以便提升视频的观赏性和吸引力。

五、发布与运营

完成后期制作后，短视频可以通过各种平台进行发布和推广。选择适合的平台和渠道，将短视频发布到目标受众容易接触的地方。同时，通过社交媒体和其他推广方式进行宣传和推广，吸引用户观看和分享。在短视频发布后，及时进行数据分析，结合热点内容了解观众反馈和互动情况，根据数据优化和调整后续的短视频制作和运营策略，同时还需要固定更新时间，培养用户的观看习惯，提高用户留存率与黏性。

第四节　短视频营销团队搭建

短视频营销是一个涉及多个方面的综合性工作，一个专业的短视频营销团队可以确保各项任务的高效执行和协调配合。以下是一个典型的短视频营销团队，以及每个角色的分工和工作内容。

一、策划

短视频团队中的策划人员在制作过程中起着关键作用。他们负责整体策划和项目管理，确保短视频的顺利拍摄和达到预期目标。以下是策划人员在短视频团队中的主要工作内容。

（一）制定策略和目标

策划人员负责与客户或团队沟通，了解其需求和目标，并制定相应的策略和计划。他们需要通过分析目标受众、市场趋势和竞争对手，以确定短视频的定位和目标，从而制定相应的策略来实现这些目标。

（二）研究和分析

策划人员需要进行市场和用户调研，了解受众的喜好、行为习惯和需求，以便确定合适的内容和形式。他们还会进行竞争对手分析，了解行业动态和市场趋势，为短视频的创作提供参考和寻找灵感。

（三）创意和内容策划

基于研究和分析的结果，策划人员负责创意和内容的策划。他们会与创意团队合作，提供创意方向和故事线索，并协助编写剧本和拍摄脚本。他们会根据目标受众和传达的信息，设计吸引人的内容和故事情节，确保短视频能够引起观众的兴趣和共鸣。

（四）协调和管理

策划人员在团队中扮演着协调和管理的角色。他们需要与制作团队、创意团队、运营团队等各个部门紧密合作，协调资源和安排工作进度。他们需要监督项目的执行，确保各个环节的工作按时完成，并进行必要的沟通和协商。

（五）数据分析和优化

策划人员还需要进行数据分析，了解短视频的表现和效果。他们会收集观众反馈和互动数据，分析观看量、转化率、观众留存等指标，以评估短视频的表现并提出改进意见。根据数据分析结果，他们会优化策略和内容，以提高短视频的影响力。

二、拍摄

在短视频团队中，拍摄是一个关键环节，这项工作也叫前期，涉及实际拍摄场景的搭建和影像的捕捉。以下是短视频团队中拍摄人员的主要工作内容。

（一）场景准备和布置

拍摄人员负责选定适合的拍摄场景，并进行准备和布置工作。他们需要根据剧本或拍摄要求，选择合适的场景、道具和背景，搭建所需的拍摄环境，确保场景的视觉效果符合剧情需求。

（二）摄影器材和设备设置

拍摄人员需要熟悉摄影器材和设备的使用，包括相机、镜头、三脚架、灯光等。他们负责设置和调整摄影设备，以保证图像质量和拍摄效果达到预期。

（三）拍摄指导和演员指导

拍摄人员需要与导演和演员紧密合作，提供拍摄指导和演员指导。他们会根据剧本要求，指导演员的表演、动作和姿态，确保演员的表现与剧情一致。同时，他们还会根据导演的要求，指导摄影师拍摄角度和镜头运动，以获得最佳的视觉效果。

（四）录音和音效

拍摄人员可能还负责录制现场音频或音效。他们会使用专业的录音设备，确保拍摄过程中的声音质量，并根据需要添加音效，以增强短视频的观赏和听觉体验。

（五）安全和组织

拍摄人员需要确保拍摄过程的安全性和组织性。他们会与其他团队成员密切合作，确保拍摄现场的秩序和安全，并及时解决可能出现的问题。

（六）录制素材和备份

拍摄人员需要负责录制所需的素材，并进行备份和存档。他们需要确保拍摄到足够的素材，以满足后期制作的需求，并妥善保存素材，以防止意外导致数据丢失。

三、剪辑

在短视频团队中，剪辑负责对将拍摄到的素材进行整理和编辑，最终形成一段完整的短视频作品。以下是短视频团队中剪辑人员的主要工作内容。

（一）素材筛选和整理

剪辑人员负责从拍摄到的大量素材中筛选出最优质、最符合要求的片段。他们需要仔细观看每个素材，根据剧本和剪辑要求，选择合适的镜头和场景，将素材整理出逻辑连贯的顺序。

（二）剧情梳理和剪辑规划

剪辑人员需要理解剧本和导演意图，对剧情进行梳理和规划。他们需要决定每个镜头的顺序、持续时间和过渡方式，以确保剧情的流畅和连贯。

（三）剪辑和编辑

剪辑人员使用专业的剪辑软件，如 Adobe Premiere Pro、Final Cut Pro 等，对素材进行剪辑和编辑。他们会根据剧本要求，对镜头进行裁剪、拼接和调整，加入过渡效果和特效，调整音频和音效，以创造出理想的视觉和听觉效果。

（四）音乐和配乐

剪辑人员可能还负责选择合适的背景音乐和配乐，以增强短视频的氛围和情感。他们需要根据短视频的风格和目标受众，挑选合适的音乐，并将其与剪辑素材进行合理的配合。

（五）色彩校正和调整

剪辑人员会对视频的色彩进行校正和调整，以获得良好的视觉效果。他们通过调整亮度、对比度、色调和饱和度等参数，以使画面呈现出理想的色彩效果。

（六）效果和字幕添加

剪辑人员会在短视频中添加一些特效、动画效果和字幕，以增强视觉冲击力和信息传递效果。譬如根据需要，添加转场效果、文字动画、图形等元素，使短视频更具吸引力和表现力。

（七）完稿和输出

剪辑人员最终将剪辑完成的视频进行整理和输出。他们会对视频进行最后的审查和调整，确保没有错误和问题，输出符合要求的视频文件，以便后续的发布和传播。

四、运营

在短视频团队中，运营人员负责短视频的发布、推广和运营管理，以确保短视频的曝光度和影响力。以下是短视频团队中运营人员的主要工作内容。

（一）文案撰写

运营人员负责短视频的文案创作和文字内容，需要编写吸引人的视频标题、描述和标语。此外，还要与创意团队协作，确保文案与视频内容相匹配。

（二）内容发布

运营人员负责将剪辑完成的短视频发布到相应的平台和渠道，如抖音、快手、微博等。他们需要熟悉各个平台的发布流程和规则，确保短视频能够顺利上线并得到合适的曝光。

（三）推广策略制定

运营人员需要制定短视频的推广策略，根据目标受众和市场需求，选择合适的推广方式和渠道。他们可能会进行用户画像分析，制订有针对性的推广计划，从而最大限度地扩大短视频的影响力和传播范围。

（四）社交媒体管理

运营人员需要管理短视频在社交媒体平台上的运行，包括建立和维护相关的社交媒体账号，与粉丝互动和沟通，回复评论和留言，解答用户疑问，增加用户参与度和黏性。

（五）数据分析和优化

运营人员需要进行数据分析，了解短视频的表现和效果。他们利用各种数据分析工具和平台，通过收集和整理用户反馈、互动数据、观看时长等指标，从而评估短视频的表现，提出优化建议和策略。

（六）合作与合同管理

运营人员负责与合作伙伴进行沟通和协商，管理合作关系和合同事务。他们需要与品牌商、广告主、内容创作者等进行合作，确保短视频的商业利益和合作项目的顺利进行。

（七）短视频活动和推广活动策划

运营人员负责策划和组织与短视频相关的推广活动和营销活动。他们需要制订活动策划方案，确定活动目标和参与规则，协调各方资源，确保活动的顺利进行和达到预期效果。

（八）品牌形象维护

运营人员需要维护短视频的品牌形象，确保短视频的内容与品牌定位一致。他们会制定品牌传播规范和准则，监控短视频的内容质量和风险，及时处理和解决相关问题。

第五节　短视频与注意力经济

注意力经济是一个由信息过载和注意力稀缺构成的新型经济形态。在这个经济形态中，注意力被视为一种稀缺的资源，成为企业争夺的重要目标。

一、注意力经济产生的重要原因

（一）信息过载

随着互联网和新媒体的发展，信息的数量急剧增加，人们面对的信息远远超过他们的处理能力，这就是所谓的信息过载。

（二）注意力稀缺

尽管信息的数量急剧增加，但人们的注意力是有限的，不能关注所有信息，这就导致了注意力的稀缺。

二、注意力经济的特点

（一）注意力的价值

在注意力经济中，人们的注意力具有极高的价值。企业通过吸引和保持用户的注意力，可以提高品牌的知名度和影响力，增加产品的销量，甚至可以通过广告等方式直接获得收入。

（二）注意力的竞争

注意力经济中的竞争十分激烈。因为人们的注意力是有限的，各种信息和内容都在争夺用户的注意力。企业需要不断创新和优化自己的新媒体策略，以便在竞争中脱颖而出。

（三）注意力的管理

在注意力经济中，如何有效地管理和利用用户的注意力，成为企业的重要任务。企业需要了解和分析用户的行为和需求，制定合适的新媒体策略，以吸引和保持用户的注意力。

三、热门 App 吸引用户注意力的方法

（一）抖音

抖音是一款全球流行的短视频应用。用户可以在这个平台上创建和分享短视频，吸引其他用户的关注和点赞。抖音的算法会根据用户的行为和偏好，推荐他们可能感兴趣的内容。这种方式不仅保持了用户的注意力，也为广告商提供了一个能够准确触达目标用户的平台。

（二）微信公众号

很多企业和个人在微信公众号上发布文章，分享信息，通过提供有价值的内容，吸引用户的关注，并通过链接、二维码等方式，将用户的注意力转化为实际行动，如访问网站、购买商品、参加活动等。

（三）拼多多

拼多多是国内的一个电商平台，以团购和社交元素为特色。拼多多通过活动吸引用户的注意力并转化为购买行为，成功聚集了大量用户。例如，拼多多的“百亿补贴”活动，提供了极具竞争力的价格吸引用户。

第六节　短视频与流量入口

流量入口是指用户获取信息或服务的通道或平台。随着技术的不断发展和用户行为的改变，流量入口也在不断演变。在过去的几十年里，不同时期有不同的媒体渠道和设备成为主要的流量入口，影响着信息传播和商业变现。

早期，报纸（如图 1-13 所示）是主要的流量入口之一，文字是报纸的主要内容形式。报纸作为主要的新闻媒体，通过印刷和分发将信息传递给用户，吸引了大量读者。

新華日報

社論

祝國民參政會成功

中外印刷所重要啓事

律師張國恩受新華日報常年法律

武漢各界抗戰建國週年紀念籌備會緊

抗戰建國週年紀念

六八兩日獻金公映

世界大戲院

日俄尼港戰役

光明大戲院

熱血忠魂

明星大戲院

爲國爭光

新市場電影院

戰地半月

前進日報

創刊

中華海員工會通告

劉曉武緊要啓事

閱讀與寫作函授班

專門醫師時榮泉

图 1-13 新华日报

接着，电视成为重要的流量入口。电视媒体通过电视节目吸引了大量观众的关注，并成为广告商的首选渠道。脑白金等广告，在电视媒体上取得了巨大成功（如图 1-14 所示）。

图 1-14 脑白金广告

随着计算机的普及和互联网时代的到来，计算机成为新的流量入口。各类网站和在线服务通过互联网吸引了大量用户的访问和使用（如图 1-15 所示）。

图 1-15　互联网广告

再后来，移动互联网兴起了，手机成为了主要的流量入口。苹果公司的 iPhone 引领了智能手机的潮流，乔布斯成为移动互联网时代的代表人物。手机应用和移动互联网服务通过手机平台吸引了大量用户，推动了移动互联网的快速发展。而手机短视频广告已经成为智能手机的主要内容形式。

图 1-16　短视频广告

未来，随着人工智能和虚拟现实等技术的不断进步，可能还会出现新的流量入口，并可能改变用户的交互方式和获取信息的方式，如图 1-17 是苹果公司的产品——Apple Vision Pro，这些新技术可能成为未来的流量入口，影响用户的注意力和行为。

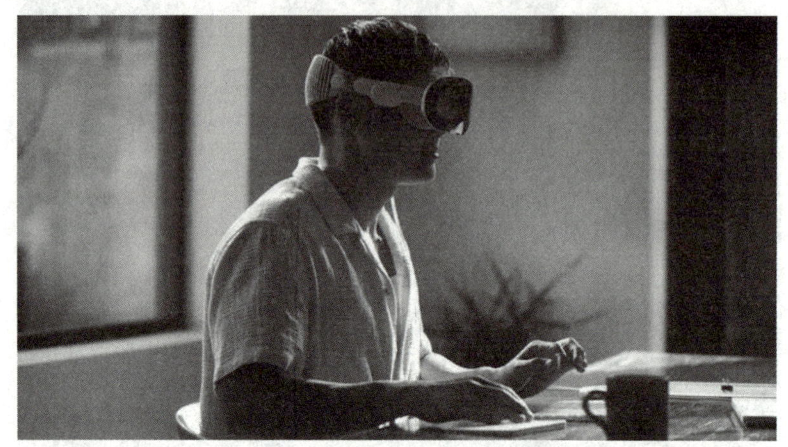

图 1-17　苹果公司产品——Apple Vision Pro

总之，流量入口和内容表现形式，会随着技术和用户行为的变化而不断演变。不同的渠道和设备在不同时期发挥着重要作用，对信息传播和商业变现产生影响。对于企业和品牌来说，抓住流量入口的变化和机遇，适应用户的需求和行为，是保持竞争优势和实现商业成功的重要策略之一。

第七节　短视频的生产方式

UGC 和 PGC 是两种不同类型的内容创作方式，它们在内容生成、发布方式和目标受众等方面有所区别。

一、UGC

UGC 即用户生成内容（User-Generated Content），是指由普通用户主动创作、分享和发布的内容。这些内容可以是文字、图片、视频或其他形式，用户可以通过社交媒体、博客、论坛等平台来展示自己的创作。UGC 的特点是源于用户自发的创作和分享，内容广泛，涵盖各个领域，具有多样性和实时性。

例如，一个旅行爱好者在社交媒体上分享自己的旅行经历、照片和视频，以及给出旅行建议和推荐。这些内容是由用户自己创作和分享的，它们反映了用户个人的观点、经验和兴趣。UGC 的魅力就在于它的真实性和互动性，能够吸引和影响其他用户，并形成用户社区和用户生成的内容生态。

此外，一个典型的 UGC 例子是明星等头部自媒体的用户评论区。在微博下方的评论区，用户可以自由发表对文章内容的评论、意见。这些评论是由用户主动生成的，展示了他们对文章的看法、观点和互动交流。用户可以提出问题，分享自己的经验，表达意见，以及与其他用户进行互动和讨论。

例如，一个微博自媒体“大V”是关于健康饮食的推荐和分享的，该大V在微博中介绍了一种新的饮食方式。在评论区，用户可以留下自己对这种饮食方式的评价、提问或分享自己的相关经验，其他用户可以回复这些评论，进行讨论或给出建议。这样，评论区就成为一个UGC的载体，展示了用户对文章内容的反馈和互动。

另外，一些有流量的自媒体也利用用户评论区来补充内容。比较极端的甚至会在一些节日发空白内容，比如连续空20行，然后取一个有吸引力的标题，很多用户会在评论区回复，以及互动交流，这些内容也是UGC的体现。这种方式使得自媒体账号能够保持用户的关注和参与，通过回复评论来维护与用户的互动，加强用户的黏性和忠诚度。同时，也为其他用户提供了更多的参考，从而形成了一个互动交流的社群。

二、PGC

PGC即专业生成内容（Professional-Generated Content），是由专业创作者、媒体机构或内容生产团队制作和发布的内容。PGC通常是经过精心策划、制作和编辑的，以提供更高质量、更有深度的内容体验。PGC的内容可以包括专题报道、新闻、纪录片、剧集、综艺节目等，它们通常由专业的编剧、导演、演员和摄制团队合作完成。

例如，一家媒体公司制作并发布一档精心策划的纪录片，深入探索某个社会问题，并通过专业的摄影、剪辑和解说来呈现。这种内容经过精心策划和制作，旨在提供高品质的观看体验，传达特定的信息和观点。

李子柒是中国知名的互联网红人和内容创作者，她以制作和分享中国传统文化、美食、手工艺等内容而闻名。李子柒聘请了专业团队来帮助她拍摄短视频。这个团队由摄影师、导演、剪辑师和其他专业人士组成，他们有丰富的拍摄和制作经验，能够帮助李子柒提高视频的质量和制作水平。这些视频涵盖了各种主题，如传统文化、美食制作、手工艺等，通过精心的拍摄、剪辑和后期处理，展现了专业水准的制作价值和艺术感。

通过PGC的方式，李子柒进一步提升了其内容的品质，吸引了更多的观众和粉丝。她的短视频不仅展示了传统文化的魅力，还展现了专业团队的制作能力，使观众享受到更好的视觉和听觉体验。这种专业生成的内容为李子柒打造了独特的品牌形象，赢得了广大观众的认可和喜爱，进一步推动了她的事业发展。

三、UGC和PGC的区别

UGC和PGC的区别在于内容生成者的身份和目的。UGC由普通用户自发创作和分享，它的优势在于具有真实性、多样性和互动性；而PGC由专业创作者或媒体机构制作，它的优势在于专业、有深度和精心制作的质量保证，如表1-2所示。需要注意的是，UGC和PGC并不是互相排斥的，它们在内容生态中可以相互补充和共存。很多媒体公司和平台会把UGC和PGC结合在一起，通过整合用户生成的内容和专业制作的内容，来提供更丰富和多样的内容体验。

表 1-2　UGC 和 PGC 对比

特征	UGC（用户生成内容）	PGC（专业生成内容）
定义	由普通用户创建和分享的内容	由专业人士创建和分享的内容
创作主体	普通用户或非专业人士	专业人士或机构
创作目的	通常是个人表达、分享和交流	传播信息、教育或商业推广
创作质量	质量差异大，从高质量到低质量不等	通常具有较高的质量标准和专业性
创作频率	不确定，取决于用户参与度和内容创作的难易程度	通常由专业团队进行定期创作和发布
内容类型	多样化，包括文本、图像、视频、音频等	通常与特定领域或主题相关，形式较为单一
可信度	可信度因用户和内容而异，缺乏权威性和认证机制	可信度较高，通常由专业机构或品牌保证
互动性	具有较强的互动性，允许用户评论、互动和反馈	通常较少涉及用户互动，以单向传播为主

课后习题

一、判断题

1. 视频用户规模持续扩大，成为现代社交媒体中最受欢迎的内容形式之一。　（　　）

2. 短视频的发展经历了从个人独立创作到大众参与的转变，同时伴随着主流平台竞相涌现。　（　　）

3. 短视频的生产方式分为用户生成内容（UGC）和专业生成内容（PGC）两种模式，多样性满足了不同用户的需求。　（　　）

4. 短视频的流量和入口主要在新兴社交媒体平台，传统平台上很难找到相关内容。　（　　）

5. 制作短视频的流程相当烦琐，需要经过多轮复杂的审核和剪辑过程，很难保证内容的原汁原味。　（　　）

二、单选题

1. 短视频是一种独特的数字媒体形式，最大的特点是（　　）。

A. 长篇内容的呈现　　B. 高度精练和简洁

C. 丰富的剧情发展　　D. 复杂的图文结合

2. 对当前短视频用户规模的描述正确的是（　　）。

A. 主要集中在中年人群体　　B. 只有年轻人才会使用短视频平台

C. 覆盖了各个年龄层和社会群体　　D. 仅限于大城市的年轻用户

3. 短视频的发展从专业制作向大众创作转变，这个过程（　　）。
   A. 从未经历过　　B. 是线性的，没有变化
   C. 是一个逐渐演变的过程　　D. 是短时间内突然发生的
4. 制作短视频的基本流程不包括（　　）。
   A. 审核和剪辑　　B. 视频拍摄
   C. 内容创意构思　　D. 长篇小说创作
5. 短视频团队的搭建需要哪些角色？（　　）
   A. 创作者、编辑、导演　　B. 市场营销专员、销售人员、财务人员
   C. 只需要一个创作者就够了　　D. 视频剪辑师、音频师、摄影师
6. 短视频在注意力经济中的作用主要体现在（　　）。
   A. 分散注意力，使人们难以集中精力
   B. 能深入探讨复杂的社会问题
   C. 提供长篇深度内容，引导人们思考
   D. 快速吸引用户关注，适应碎片时间
7. 短视频流量和入口主要集中在（　　）。
   A. 传统媒体平台　　B. 新闻网站
   C. 社交媒体平台和短视频 App　　D. 个人博客网站
8. 短视频的生产方式包括（　　）。
   A. 专业生成内容（PGC）和用户生成内容（UGC）
   B. 仅限于专业生成内容（PGC）
   C. 只有用户生成内容（UGC）
   D. 仅限于独立自制内容
9. 短视频中的“卡点”指的是（　　）。
   A. 镜头切换不流畅　　B. 视频画面过于暗淡
   C. 快速剪辑和节奏感的展现　　D. 镜头对焦不准确
10. 短视频中的“PUGC”是指（　　）。
   A. 优质创作与内容推广的结合
   B. 用户生成内容和专业生成内容的融合
   C. 营销策略和市场推广的协同
   D. 用户在创作中的自由和专业创作者的指导

三、多选题

1. 关于短视频的特点，下列哪些说法是正确的？（　　）。
   A. 短视频通常时间较长，超过 30 分钟
   B. 短视频内容紧凑，节奏快速
   C. 短视频适合展示复杂的情节和角色发展
   D. 短视频在社交媒体上广受欢迎

2. 下列哪些是短视频的主流平台？（　　）。

A. 抖音　　B. 微博

C. 新浪网　　D. 知乎

3. 制作短视频的流程包括哪些步骤？（　　）。

A. 视频拍摄　　B. 后期剪辑

C. 网站开发　　D. 数据分析

4. 短视频团队通常包括哪些角色？（　　）。

A. 市场营销专员　　B. 摄影师　　C. 创作者

D. 编辑　　E. 数据分析师

5. 短视频生产方式中，UGC 代表（　　），PGC 代表（　　）。

A. 用户生成内容　　B. 用户规划创意

C. 品牌广告推广　　D. 专业生产内容

E. 用户分享传播

四、思考题

1. 短视频作为新媒体营销的重要工具，你认为相对于传统媒体它的优势在哪里？通过举例，说明一个行业或品牌如何成功地利用短视频进行营销推广。

2. 短视频领域的竞争越来越激烈，但同时也涌现了许多有创意的内容制作者。在你看来，一个成功的短视频需要具备哪些元素？它如何在竞争激烈的环境中脱颖而出？

五、案例分析题

被萝卜干改变人生，她从“打工妹”变成电商达人

泸州，自古以来以酒闻名。“佳酿飘香自蜀南，且邀明月醉花间，三杯未尽兴尤酣。”一千多年前，苏轼在《浣溪沙·夜饮》中，表达了对泸酒的偏爱和迷恋之情。“川香秋月”就出生在泸州。

“川香秋月”本名吴秋月，1988 年出生，四川省泸州市纳溪区白节镇竹海村人，三农类自媒体、乡村主播，同时也是泸州城市宣传官，靠着自己的努力成为拥有 1000 万粉丝的短视频达人。和大多数人一样，吴秋月的创业之路也并非一帆风顺。

初次创业，屡屡碰壁。2006 年，秋月和丈夫黄中平第一次走出蜀南泸州，外出打工。从深圳到宁波，秋月和黄中平在外漂泊了足足三年。这三年间秋月和丈夫很少回家，他们对未来也变得迷惘和焦虑，对亲人的思念和陌生城市的孤独时常让他们纠结。最终，两人选择了回家。2010 年，电子产品和网络冉冉升起，善于观察的吴秋月发现身边的同事们都喜欢在网上充话费、买东西，于是同丈夫商议，干脆买一台计算机，自己当商家代充话费。可当真正做起来的时候，吴秋月和丈夫才发现这个买卖并没有他们想象中的那么美好。当时网络购物刚起步，大多数人不愿意尝试，代充话费受众面小，而且利润极低，每单只赚几毛钱，不适于长期发展。摸透了网店的运营流程后，吴秋月开始寻找利润更高的产品。就在这时，他们把目标瞄准了代销女鞋。卖女鞋是秋月和丈夫创业的第一次转机，一开始，收益还算可观。可是随着越来越多商家的加入，客户选择的余地也越来越多，秋

月只是一个小小的中间商，代销的模式让他们的店铺逐渐走了下坡路。于是，秋月和丈夫决定寻求一些改变，不做代销，要自己生产产品。这一次，他们把目光瞄准四川的特色小吃，如冷吃兔等熟食。刚开始时营收很好，可毕竟是第一次自己做老板，作为小型商家的秋月在传统电商的赛道上缺乏经验，也无人指导，不懂维护和运营，摸不准顾客的需求，无论是口味还是服务，都没能让顾客满意。无奈之下，两人关闭了店铺。两次传统电商创业都失败了，这不仅让他们亏损了几十万元，也打击了他们向前拼搏的信心。

风雨过后便是彩虹。两次失败经验的积累，给了秋月他们厚积薄发的力量。2020 年新冠疫情期间，秋月和丈夫黄中平待在家里开始寻思，下一步该做什么。两人一边刷抖音短视频一边想，家乡环境这么美，一家人生活其乐融融，为什么不试试拍抖音记录下来呢？起初，秋月其实根本没想过会有人关注，毕竟自己也只是把这当作一种消遣。但没想到的是，竟然真的有人看到了她的视频，还收到了一些点赞和关注，尽管数量寥寥无几，但对秋月来说，已经是非常大的鼓励了。2020 年 2 月，抖音一条磨豆花的短视频涨粉 50 万。“秋月秋月，快别干活了，赶紧来看看，你好像火了！”黄中平举着手机，兴奋地跑到田里。这一刻，秋月才意识到，她好像真的火了。接下的日子里，秋月和丈夫更有冲劲儿了，连着发了十几条抖音作品，陆陆续续收到很多网友的评论。“看到你发的视频，就好像回到了家乡一样，想念家乡的味道！”“哇，看起来好美味，在外面打工真的好久没有吃到正宗的川菜了，想念！”“希望可以每天都更新，看你们在田间地头挖菜，捉泥鳅，真的勾起了我儿时的记忆。”“你们可不可以邮寄啊？看起来好好吃，馋呀！”抖音界面里弹出一个个消息，接连不断的评论和私信出现在小小的屏幕上，粉丝数量飞速疯长。秋月和丈夫心里很是高兴，同时也更加觉得自己做的事情值得。2022 年 5 月，泸州疫情基本平复。秋月青菜煮腊肉的视频在抖音爆红，有粉丝“盯”上了秋月视频中的腊肉，想买，多次咨询。于是他们再次借款，买了十几头猪，然后做腊肉，卖腊肉。通过在发布的视频中挂小黄车，不到一个月，秋月做的十几头猪的腊肉在抖音全卖完了。

生活终于有了起色，秋月和丈夫又开始“躁动”起来。随着粉丝越来越多，视频的播放量越来越好，源源不断的商家找他们带货。有了前两次电商失败的经验，秋月和丈夫决定自产自销，抓住抖音直播的流量风口，开启了创业计划。他们在市场里兜兜转转，最终选定了高山萝卜。“泸州人对萝卜干情有独钟，但在网上没有太大的市场。而且，抓住小品类商品去卖，竞争小。一来可以振兴家乡，二来我们也可以赚一笔小钱。”回想起第一次直播秋月仍觉得激动。首次带货，播了四五个小时，就卖了一万多单。每场直播结束后，秋月和丈夫都会通过抖音后台查看直播数据进行复盘整理。秋月从未想过，萝卜干会改变她的人生。每月卖出的萝卜干，可以消耗 10 多万斤高山萝卜，庞大的需求量迫使她扩大生产基地。随后，秋月决定扩大位于甘孜藏族自治州理塘县的种植基地，设立了三块“高山萝卜种植基地”，为理塘 100 多户种植户提供了萝卜销路，同时也解决了泸州当地两百多人的就业问题。从种植、加工到销售，吴秋月的高山萝卜干形成了一个产业链，每年在抖音直播间能卖出上千万斤，切实帮助家乡农特产品走了出去，销往全国各地。对此，秋月回答得依旧朴实：“因为我是从乡村出来的，也希望给乡村带去更多帮助。”

（资料来源：腾讯网 https：//new. qq. com/rain/a/20221107A05OGF00）

1. 川香秋月通过电商取得了事业上的成功。她的商业模式有何创新之处？她是如何抓住市场机会，满足消费者需求的？

2. 作为网红，川香秋月的言行在一定程度上会影响粉丝和社会。她如何在商业成功的同时充分履行社会责任，传递积极的价值观？

3. 川香秋月的成功也折射出当今社会的变革和机遇。她的故事如何代表个体在社会变革中选择机会？

第二章
短视频制作与内容脚本策划

学习导图

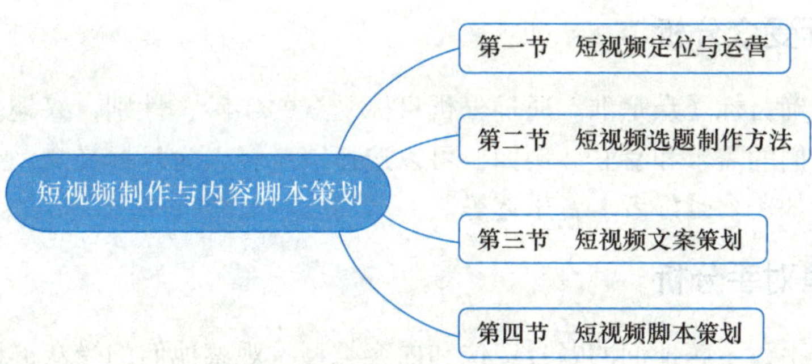

知识目标

1. 理解短视频定位的概念
2. 理解短视频脚本创作思路

能力目标

1. 能够掌握短视频选题制作方法
2. 能够运用短视频文案策划技巧

思政目标

1. 坚持习近平新时代中国特色社会主义思想与短视频脚本创作相结合
2. 培养学生严守道德底线，抵制低俗、虚假、不健康内容
3. 引导学生积极弘扬和传播正能量
4. 培养学生在内容创作上把社会效益放在首位
5. 引导学生将乡村振兴与短视频内容创作相结合

第一节　短视频定位与运营

一、账号定位方法

短视频账号的定位是非常重要的，它决定了该账号的受众群体和内容风格。确定短视频账号定位的方法有 5 种。

（一）目标受众分析

首先，要明确目标受众是谁。通过分析目标受众的年龄、性别、兴趣爱好、消费习惯等特征，了解他们的需求和喜好。例如，可以选择以年轻人为目标受众，或者以特定的兴趣群体为定位，如美食爱好者、音乐迷等。

（二）竞争对手分析

研究竞争对手，了解他们的账号定位和内容类型。观察他们的受众群体和受欢迎的视频内容，找到他们的成功之处和不足之处。分析竞争对手可以帮助运营者找到差异化的定位点，从而给受众提供独特的内容。

（三）个人兴趣和专长

考虑个人的兴趣和专长，选择与之相关的领域作为账号定位。如果对美食有独特的见解和方法，可以选择成为美食博主；如果对时尚有深入的了解，可以成为时尚达人。总之，就是通过分享专业知识和经验，吸引对该领域感兴趣的受众。

（四）独特的内容创意

思考如何在已有的领域找到独特的切入点，创造与众不同的内容。可以通过与其他领域的结合、创新的拍摄技巧、独特的叙事方式等来吸引受众的注意。例如，在美食领域，可以将烹饪与艺术相结合，创作出别具一格的美食作品。

（五）反馈和互动

与受众互动，通过反馈了解他们的需求；通过受众的评论和点赞，了解他们对内容的喜好和意见。这可以帮助运营者不断优化账号的定位和内容创作，更好地满足观众的需求。

二、裂变矩阵式运营

在短视频运营中，单一账号的更新频率较低可能无法满足观众的需求，且限制曝光度和影响力的扩大。因此，可以采用裂变矩阵式运营策略，创建多个账号并实行碎片化、每日更新的方式，从而有效地增加曝光度、吸引观众并扩大影响力。下面是常用的裂变矩阵式运营操作方法。

（一）多账号策略

创建多个短视频账号，可以覆盖更广泛的受众群体和领域。每个账号可以专注于不同的内容主题，吸引特定的目标受众。例如，一个账号可以专注于美食分享，另一个账号可以关注旅行和探索，而第三个账号则可以专注于搞笑和娱乐。这样，可以满足不同观众的兴趣和需求，提高曝光度和吸引力。

（二）碎片化内容

可以将短视频内容进行碎片化处理，创造更多有趣、吸引人的片段。将长视频或连续剧集拆分成短小的片段或精彩的瞬间，可以提供更多精彩的内容，吸引观众的注意力并促使他们进行分享。例如，在旅行账号中，可以将一次旅行的各个景点和经历分别拍摄成独立的短视频，展示不同的风景和体验，让观众感受旅行的魅力。

（三）每日更新

为了保持观众的关注和活跃度，每个账号都应该定期进行更新，以提供新鲜的内容。每日更新可以为观众提供持续的价值和娱乐，培养他们的期待和习惯。例如，每日分享一道美食、一个知识小贴士或一个有趣的挑战，可以保持观众的兴趣和互动。

（四）交叉宣传与合作

在裂变矩阵式运营中，不同账号之间可以进行交叉宣传和合作，增加曝光度和互动量。例如，通过在一个账号中推荐另一个账号的精彩内容，或者通过跨账号的视频合作，吸引观众从一个账号转移到另一个账号，并扩大整体的影响力。

通过裂变矩阵式运营策略，短视频创作者可以满足观众的多样化需求，提供持续的价值和娱乐，并吸引稳定的观众群体，更有效地增加曝光度和影响力。同时，定期更新和碎片化的内容可以提高观众的参与度和留存率，为品牌或个人带来更多机会与观众进行互动。

三、投放时间

短视频的投放时间是影响传播效果的重要因素之一。根据用户画像选择合适的黄金时间段进行投放，可以最大限度地吸引目标受众的注意力，并提高观看、互动和转化的效果。在确定短视频投放时间时，需要考虑公域流量和私域流量两个方面。

（一）公域流量投放时间

公域流量指的是通过抖音、快手、微信视频号等平台自身的流量来获取观众。以下是针对公域流量投放时间的选择的一些建议。

1. 高峰期

观众活跃度较高的时间段通常是短视频投放的黄金时间。在抖音和快手等平台上，晚上7点至10点之间，是大多数人下班后的休闲时间。此时，人们倾向于使用手机浏览社交媒体平台，寻找娱乐和消遣。选择在各短视频平台的高峰期投放短视频，可以获得更多的曝光量和互动数。

2. 周末

周末是人们放松和娱乐的时间，有更多的时间浏览短视频内容。在周末的下午和晚上投放短视频，可以吸引更多观众的关注。

3. 节假日、纪念日

在重要的节假日或特殊的纪念日，人们的上网时间会增加，人们会有更多的空闲时间浏览短视频内容。在这期间投放短视频，也会获得更多观众的关注。

（二）私域流量投放时间

私域流量指的是通过个人或品牌的自有渠道（官方网站、社交媒体账号如微信朋友圈）来获取观众。以下是私域流量投放时间选择的一些要点。

1. 用户分析

对已有观众和用户群体的数据进行分析，可以了解他们的上网和浏览习惯，了解他们的工作日程、休闲时间和偏好，以便选择在他们最活跃的时间段投放短视频。

2. 客户互动时间

观众喜欢在工作时间间隙、午餐时间、晚上下班后和周末等特定时间段与品牌或个人互动。选择在这些时间段进行短视频投放，可以提高参与度和互动效果。

3. 个人或品牌特定活动

如果有特定的活动、促销或新品发布等重要事件，可以根据事件的性质和目标受众的时间习惯选择合适的投放时间。例如，在产品发布会前后、特定促销活动期间或品牌重要纪念日等时间点进行短视频投放，以引起更多关注。

适合的投放时间对短视频的传播效果具有重要作用。根据用户画像和观众行为习惯，针对公域流量和私域流量，合理选择黄金时间进行投放，可以提高短视频的曝光度、互动数和转化率，从而取得更好的营销效果。

四、数据复盘

短视频营销的数据复盘是评估和分析过去的营销活动数据，以了解活动的效果、观察趋势并获得有价值的数据，从而优化未来的策略和决策。

（一）常用的短视频营销数据复盘方法

1. 视频浏览量与播放时长

分析短视频的浏览量和播放时长，可以了解观众的兴趣。浏览量可以展示短视频的曝光度和吸引力，而播放时长可以表明观众是否对视频内容感兴趣并愿意投入时间。比较不同视频的观看量和播放时长，可以评估各个视频的表现，并从中得出有关受众喜好和互动的数据。

2. 互动指标

短视频平台通常提供互动指标，如点赞数、评论数、分享或转发数等。这些指标反映了观众的互动程度和参与度。分析互动指标，可以了解观众对短视频的喜好、参与程度和互动行为，以及识别潜在的影响力用户和忠实粉丝。

3. 用户画像和受众洞察

短视频平台提供用户画像数据，包括用户年龄、性别、地域等信息。分析用户画像和观众行为数据，可以深入了解受众的特征和偏好。这些分析可以帮助视频制作者确定目标受众，并针对其需求和兴趣制定更有针对性的内容和营销策略。

4. 转化率和转化路径

短视频营销的目标之一是促进转化，如增加网站流量、引导用户注册或购买产品。跟踪转化率和转化路径，可以了解观众从观看短视频到实际行动的过程，并评估营销活动的效果。这可以找出转化率较高的短视频内容和策略，为优化后续营销策略提供指导。

5. A/B 测试和实验数据

进行 A/B 测试和实验，可以比较不同策略、内容或呈现方式的效果差异。分析实验数据，可以确定哪种方法更有效，从而优化短视频营销策略。

6. 竞争对手分析

观察竞争对手在短视频平台上的表现和策略，可以得到有关市场趋势、观众喜好和竞争环境的内容。分析竞争对手的数据和发展趋势，可以发现自身的优势和劣势，并针对竞争环境做出调整和优化。

（二）常用的工具和平台的示例

1. 蝉妈妈数据分析平台

如图 2-1 所示，蝉妈妈是国内领先的数据分析平台之一，专注于移动营销数据分析。它提供了全面的数据监测、分析和报告功能，可帮助营销人员了解短视频在各个平台上的表现、受众反应和转化效果。通过蝉妈妈平台，可以获得详细的观众画像、互动数据、转化路径等信息，以及与竞争对手的对比分析。

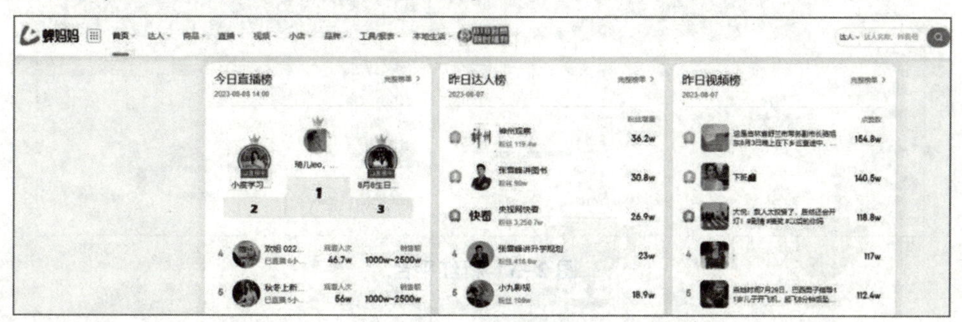

图 2-1　蝉妈妈平台

2. 飞瓜数据

如图 2-2 所示，飞瓜数据是一个专业的短视频数据分析平台，主要服务于抖音、快手等短视频平台的内容创作者。它提供了全面的数据分析功能，包括用户画像、粉丝分析、视频数据、直播数据等，可以帮助内容创作者更好地了解自己的受众，优化内容创作策略，提高影响力和收益。

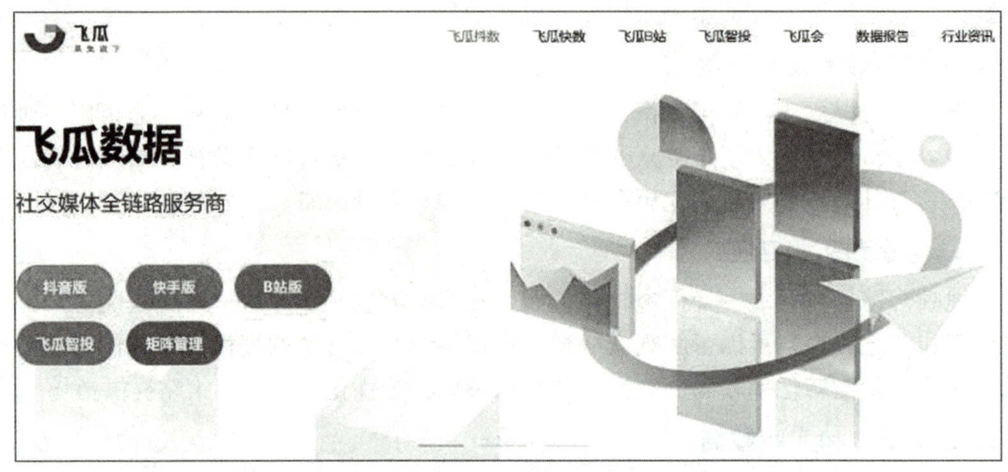

图 2-2　飞瓜数据平台

3. 新红

如图 2-3 所示，新红是一个为品牌和商家提供小红书数据分析的服务平台。该平台通过对小红书用户行为、内容、竞品等数据的深度分析和挖掘，提供全面的数据支持和营销策略建议，帮助品牌和商家更好地把握市场趋势和用户需求，提升营销效果和品牌影响力。

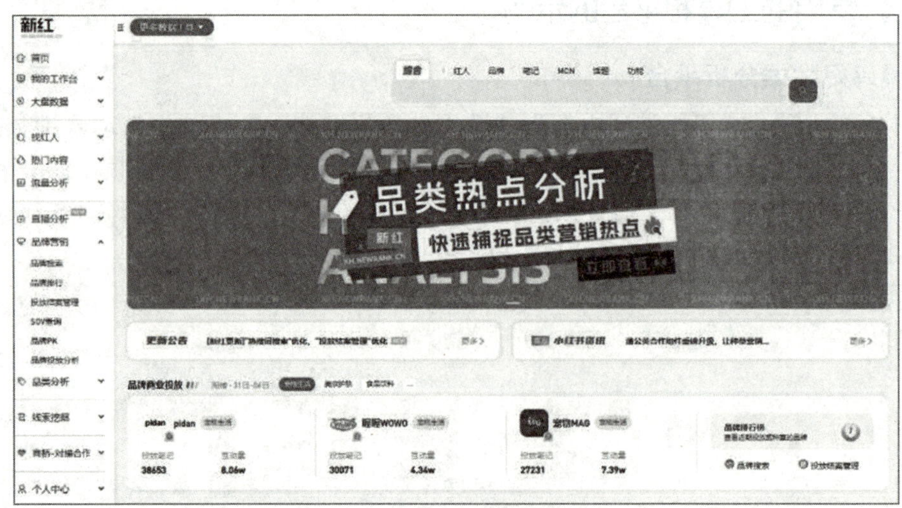

图 2-3　新红平台

4. 抖查查

如图 2-4 所示，抖查查是一款专门针对抖音短视频平台的数据分析工具，从个人到 MCN，从视频流量到带货数据，多维度展现账号生态。它通过对抖音用户行为、内容、账号等数据的深度分析和挖掘，提供全面的数据支持和营销建议，帮助内容创作者、品牌和商家更好地了解抖音市场趋势和用户需求，提升创作和营销效果。

图 2-4　抖查查平台

5. 火烧云数据

如图 2-5 所示，火烧云数据是哔哩哔哩的数据分析平台，通过准确的流量分析，帮助用户了解哔哩哔哩用户的行为和需求，找出最适合的发布时间和发布主题。该平台可以为内容创作者、品牌和商家提供全方位的数据支持和营销建议，提升在哔哩哔哩的曝光度和用户互动，实现更好的营销效果和提高品牌影响力。

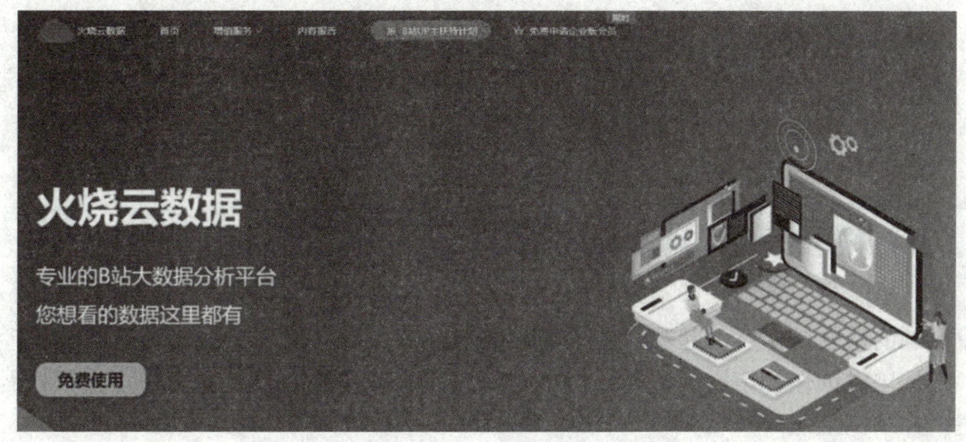

图 2-5　火烧云数据平台

6. 5118 网

如图 2-6 所示，5118 网是一个功能强大的在线工具平台，支持全平台使用。其关键词挖掘和流量词库功能可以帮助用户轻松解放大脑，提高工作效率。无论是在搜索引擎优化、内容创作、广告投放还是市场调研等方面，5118 网都能够提供全方位的数据支持和建议，让用户更加精准地把握市场需求。

此外，5118 网的流量词库功能也十分实用。用户可以通过该功能了解各个行业的热门词汇和流量词，掌握市场趋势和用户需求。这可以为品牌和商家的营销策略提供有力支持，帮助他们更好地把握市场机遇，实现精准营销和流量提升。

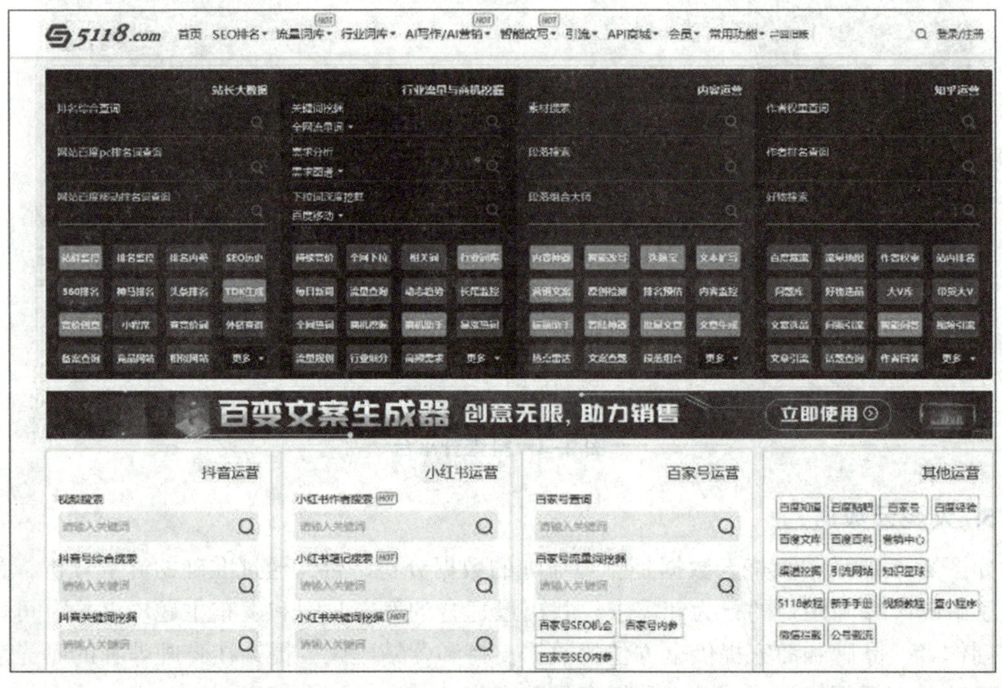

图 2-6　5118 网平台

通过使用以上数据分析工具和平台，营销人员可以更加深入地了解短视频营销的效果和趋势，掌握受众喜好和行为特征，进一步优化策略。同时，这些工具还可以提供定制化的数据报告和可视化分析，使数据更易于理解，并传达给相关团队和决策者。

第二节　短视频选题制作方法

短视频的选题制作对引起观众的兴趣和共鸣具有关键作用。下面将从热点、借鉴分析竞对、搬运二次创作、拓展、反转、情景、对比和故事这八个方面，介绍短视频选题制作的方法，并举例说明。

一、热点

关注当前的热门话题或事件，制作与之相关的短视频。

（一）寻找热点短视频选题的工具

1. 清博热点

如图 2–7 所示，清博热点是一个基于大数据分析的舆情监测平台，旨在帮助企业及时了解舆情动态、发现热点话题，并提供全面的舆情分析报告和应对建议。

图 2–7 清博热点示例

该平台通过互联网爬虫技术、自然语言处理技术和数据挖掘技术等手段，对海量信息进行实时监测和分析，从而发现热点话题和舆情风险，并及时发出预警。

该平台的优势在于基于大数据分析的技术手段和专业的分析团队，可以快速处理海量信息，发现热点话题，并提供精准的分析报告和应对建议。同时，该平台还提供定制化的服务，根据用户的具体需求进行个性化定制，满足用户的特殊需求。

2. 抖音热点宝

如图 2–8 所示，抖音热点宝是一款专为抖音用户设计的多功能数据分析工具，旨在帮助用户更好地了解抖音平台上的热点话题，获取流量和曝光，同时提高用户在抖音平台上的影响力和粉丝数量。它包括以下主要功能和特点：

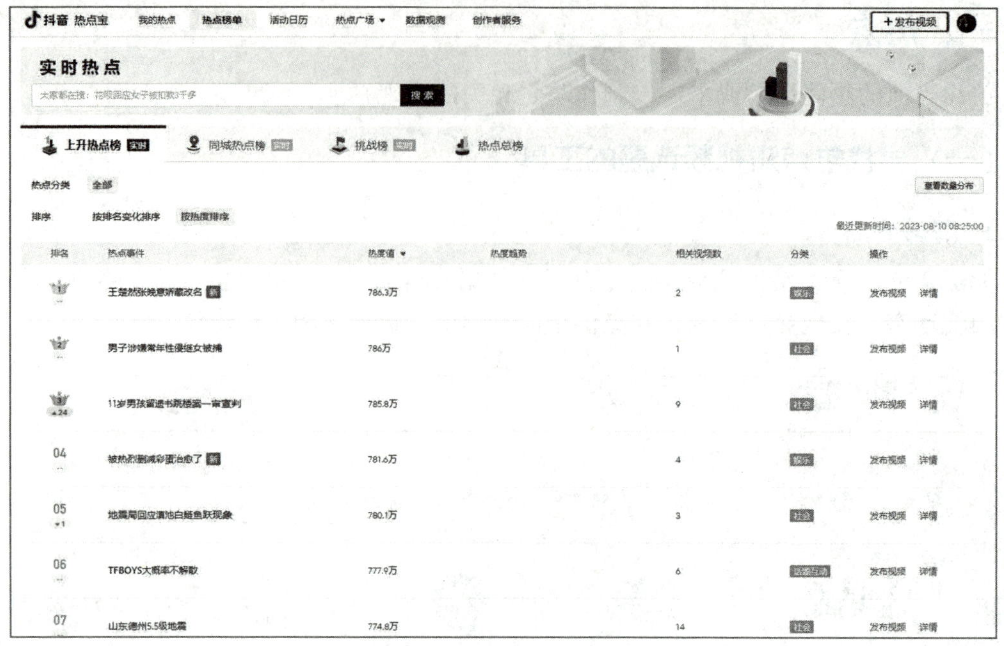

图 2-8　抖音热点宝平台

（1）我的热点：此功能主要为用户提供个人在抖音上的热点信息。用户可以查看自己的视频播放量、点赞数、评论数等数据，了解自己在抖音平台上的影响力。

（2）热点榜单：该功能展示了抖音平台上的热门话题和视频，用户可以通过查看热点榜单了解当前热门的视频和话题，从而获取更多流量。

（3）活动日历：此功能让用户了解即将开展的抖音活动和挑战，用户可以参与其中，增加自己的曝光度和粉丝数量。

（4）热点广场：这是一个集合了各种热门话题和视频的区域。用户可以在这里找到最新的热点话题和视频，从而获取灵感，创作出更多受欢迎的内容。

（5）数据观测：这是一个实时数据观测工具，用户可以通过它了解抖音平台上的用户行为、流量变化等数据，从而制定更加精准的营销策略。

（6）创作者服务：这是一个为抖音创作者提供的服务，包括保护作品版权、提供培训交流、建设社群等，旨在帮助创作者维护自己的权益，同时提供更多的资源和支持。

（二）热点选题可以从以下角度进行构思

1. 技术与科技热点

选择与技术和科技相关的热点话题来制作短视频。例如，最新的科技发展、人工智能应用、虚拟现实技术、智能家居设备等。运营者可以通过解说、演示或使用有创意的特效和动画来展示这些技术的魅力和应用场景。

2. 社会热点

关注当前社会上引起广泛关注和讨论的事件和话题。这可能涉及社会问题、文化现象、政治事件、环境保护等。例如，运营者可以制作一个关于社会平等的短视频，探讨性别平权、种族平等或其他社会公正问题，以引起观众的思考和讨论。

3. 娱乐热点

选择与娱乐圈相关的热点话题，如电影、音乐、明星八卦等。运营者可以制作一段有关最新电影的评论或预告片解读，或者制作一段明星八卦的搞笑短视频。这种类型的热点内容通常具有较高的关注度和分享度。

4. 时事热点

关注当前的时事新闻和事件，制作与之相关的短视频内容。这可能涉及政治、经济、环境、健康等领域。例如，运营者可以制作一个关于重大国际事件的解读视频，或者分享一个有关当地社区的健康与环保倡议。

5. 文化热点

关注当前的文化现象和流行趋势，制作与之相关的短视频。这可能包括时尚、艺术、美食、旅行等方面。例如，运营者可以制作一个有关时尚穿搭的短视频，分享最新的潮流趋势和搭配技巧，或者制作一个有关旅行目的地介绍的视频，激发观众的探索欲望。

二、借鉴分析竞对

观察分析竞争对手的短视频内容，寻找他们的成功之处并进行借鉴，可利用蝉管家（如图 2-9 所示）实现。例如，如果发现某个竞争对手的短视频以解决问题或提供实用技巧为主题，可以选择类似的主题并加入自己的创意。具体操作要点如下：

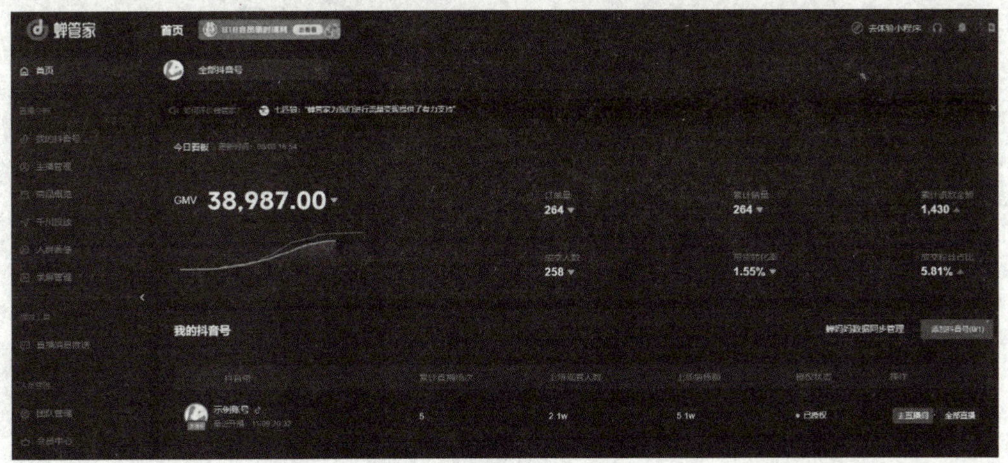

图 2-9　蝉管家数据分析平台

（一）借鉴成功案例

仔细研究和分析在相同领域或类似主题下取得成功的短视频账号，了解他们的内容风格、创意表达方式、受众定位等方面的特点。通过观察他们的成功之处，并找到适合自己账号定位和目标受众的借鉴点。例如，如果短视频账号是关于美食的，运营者可以借鉴一些成功的美食账号，观察他们的拍摄角度、食材展示、烹饪技巧等，并尝试将其运用到自己的短视频中，以提升内容质量和吸引力。

（二）分析竞争对手

分析同一领域或类似主题下的竞争对手的短视频账号，观察他们的内容类型、发布频率、互动方式等，了解他们的优势和劣势。可以通过比较分析，找到自己的差异化定位和创新点，以在竞争中脱颖而出。例如，如果短视频账号是关于时尚的，可以分析其他时尚账号的内容风格和受众互动情况。如果发现他们更注重搭配技巧和时尚趋势，可以选择在自己的账号中突出品牌故事和个性化风格，以在市场中占据独特的位置。

（三）挖掘市场空白点

可以通过分析竞争对手的短视频账号，寻找市场上的空白点和机会，观察他们可能忽略或未涉及的主题、观点或受众群体。找到这些空白点后，可以有针对性地制作相关内容，以满足特定观众的需求和兴趣，吸引那些被忽视的受众。如果短视频账号是关于旅行的，如图 2-10 所示，可以分析竞争对手的旅行视频，发现他们可能未涉及的目的地或旅行方式。可以选择制作针对这些未涉及的旅行目的地或旅行方式的短视频，以填补市场空白，并吸引那些对这些内容感兴趣的观众。

图 2-10　以“旅行”为关键词搜索

借鉴分析竞对，可以从他人的成功经验中汲取教训，并找到市场上的空白点。要根据自己的账号定位和目标受众，将借鉴和分析得到的见解融入自己的短视频创作，以打造独特且有吸引力的内容，吸引更多的观众关注。

三、搬运二次创作

对优质的短视频内容进行搬运和二次创作。这不是简单地复制别人的内容，而是在保留原始创意的基础上，加入自己的观点和个性化的表达。例如，运营者可以搬运一个有趣的梗，然后结合自己的想法制作一个新颖的短视频。

图 2-11　某 UP 主对电影的二次搬运解读

搬运二次创作是短视频创作中常见的一种方法，它基于现有的视频素材或内容进行二次创作和重新包装，具体操作要点如下：

（一）挑选优质素材

在进行搬运二次创作之前，需要挑选高质量和热门的视频素材。这些素材可以是其他优秀短视频创作者的作品、电影片段、音乐 MV 等。要选择与自己账号定位相关的素材，确保其能够吸引目标受众的注意力。

（二）添加创新元素

搬运二次创作并不意味着简单地复制粘贴原始视频素材。在搬运的过程中，要添加自己的创新元素，使其与原始素材有所区别，包括添加自己的评论、剪辑处理、特效效果、字幕说明等，以增加吸引力。

（三）改变叙事角度

在搬运二次创作中，可以通过改变原始素材的叙事角度来呈现新的观点或故事。这种创新可以通过剪辑、重组素材顺序、添加解说等手法来实现。改变叙事角度，可以吸引观众的注意力，并为他们提供新颖的视角。

（四）引用经典片段

搬运二次创作也可以引用经典的电影片段或台词，以触发观众的情感共鸣。这样做可以让观众在观看时产生熟悉感和亲切感，从而提高他们对视频的兴趣和参与度。

（五）注重版权和合规

在进行搬运二次创作时，要注意尊重原创作者的版权和合规问题，遵守相关的法律法规和平台规定，避免侵权行为。如果使用他人的视频素材，应确保获得了合适的授权或符合相关的使用规定。

例如，一个搞笑短视频账号可以通过搬运二次创作经典的喜剧片段，添加自己的幽默解说和剪辑处理，从而制作出一段有趣且与时下热门话题相关的短视频内容。这样的创作方式可以吸引更多观众的关注和互动，并提升账号的知名度和影响力。

（六）拓展

在某个主题或领域中，挖掘更多的内容切入点，进行深入拓展。例如，如果选择以美食为主题，可以从烹饪技巧、食材介绍、餐厅推荐等多个角度来制作，丰富短视频内容的层次和维度。

在短视频创作中，拓展是一种常用的方法，它可以帮助创作者从已有的素材或话题中延伸出更多的创意和内容，以下是具体操作要点。

1. 深入探索话题

选择一个热门话题进行创作时，可以通过深入探索话题的不同方面和细节，拓展出更多内容。包括对话题的历史、背景、相关人物、案例等进行研究，从中延伸新的观点和见解，呈现更多的创意和更深的深度。

2. 跨界合作

通过与其他领域的创作者或专家进行跨界合作，可以为短视频创作注入新的元素。例如，与专业厨师合作制作美食短视频，与时尚博主合作展示搭配技巧，与旅行达人合作分享旅行经验等。这样的合作可以拓宽创作的领域和主题范围，吸引更多不同领域的受众。

3. 利用用户反馈和互动

与观众保持互动是拓展创作的重要途径之一。积极回应观众的评论和留言，了解他们的需求和意见，可以获取新的灵感和创作方向。观察观众对不同话题或内容的反应，可以发现新的创作点和拓展的可能性。

4. 利用趋势和时事

时事和流行趋势是创作的重要素材，可以帮助创作者拓展内容。关注时事新闻、社交媒体上的热门话题和流行事件，将其与自己的账号定位结合，可以创作出与时俱进的短视频内容。例如，对某个时事热点发表自己独特的观点和见解，或是通过时事引发讨论和互动。

5. 创新剧情和故事线

在创作短视频时，可以通过创新的剧情和故事线来吸引观众的注意力。不同的叙事方式、情节发展或意想不到的结局，能让观众产生更多的期待和情感共鸣。通过创造性的剧情和故事线，可以拓展创作的创意和深度。

例如，一个美食短视频账号可以通过深入研究某种特定食材的历史、制作方法和文化背景，展示不同地区的食材搭配和独特的烹饪技巧。此外，还可以与健康专家合作，拓展出以健康饮食为主题的美食短视频内容。通过这些拓展，可以为账号带来更多的观众关注和互动，并提升创作者的影响力和知名度，如图 2-12 所示。

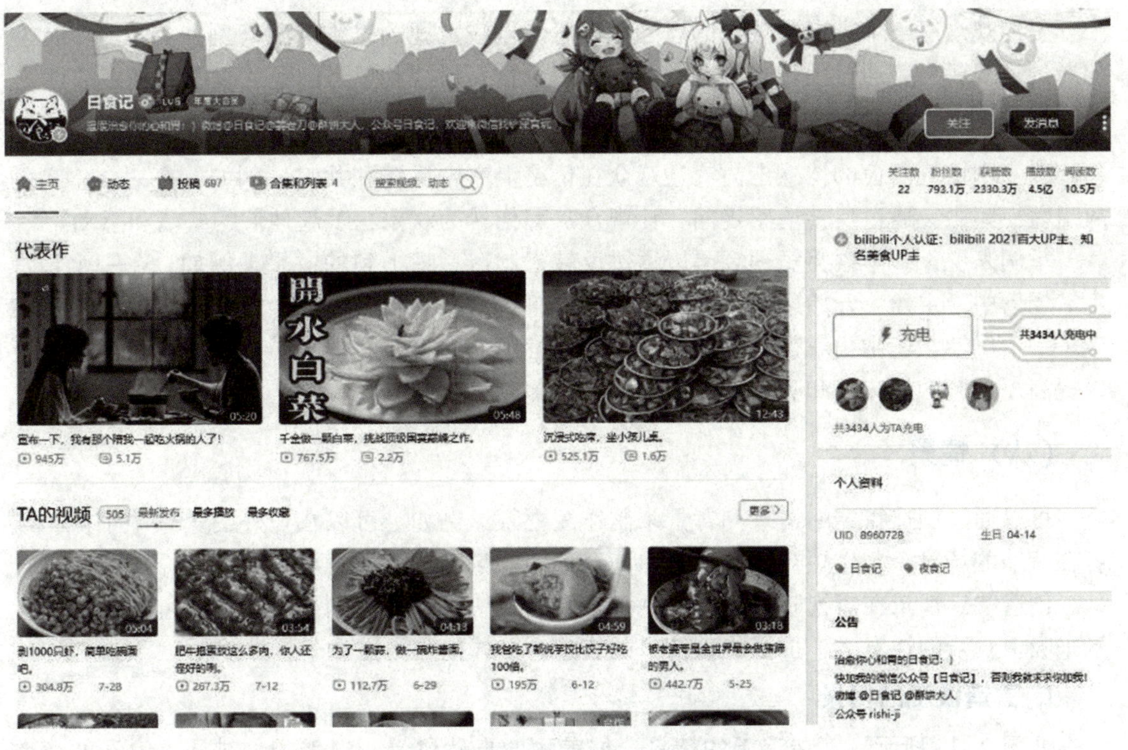

图 2-12 某美食 UP 主平台展示页

（七）反转

在短视频中使用反转的手法，能给观众带来意想不到的结局。例如，可以制作一个表面上悲伤的故事，但最后以欢快或积极的方式收尾，给观众带来情感上的反转。

在短视频创作中，反转是一种引人注目的方法，可以通过改变观众的预期和意料，创造出戏剧性的效果，具体可从以下几方面进行反转：

1. 反转情节发展

改变情节的发展方向和结局，可以让观众感到意外和惊喜。例如，在一个悬疑剧情，通过反转揭示真凶的身份，颠覆观众一开始的猜测，给他们带来全新的观影体验。

2. 反转角色设定

改变角色的性格、行为或身份，能让观众对角色有新的认识和理解。例如，在一个喜剧短视频中，将一个看似平凡的角色塑造成一个英雄，让观众倍感意外。

3. 反转视觉效果

利用编辑和特效技术，可以创造出视觉上的反转效果，给观众带来震撼和惊艳。例如，在一个魔术表演的短视频中，通过逆转画面或变换场景，让观众目瞪口呆，并对表演者的技艺赞叹不已。

4. 反转观点和观念

引发观众对某个观点或观念的思考和反思，打破常规的思维定式。例如，在一个社会问题的短视频中，通过反转观点和立场，让观众重新审视和思考问题的复杂性和多样性。

5. 反转情感和情绪

改变剧情或角色的情感走向，让观众在情绪上产生反转和共鸣。例如，在一个感人的故事短视频中，通过反转情感走向，让观众从悲伤转为欢乐，唤起他们的共情和感动。

举例来说，一个搞笑短视频可以通过反转来制造意想不到的效果。例如，在一个日常生活场景中，主角一开始遭遇了一系列糟糕的事情，观众以为故事会持续下去，但突然发生了一个反转，让主角获得了意外的好运，引发观众的笑声和惊喜。运用反转的手法，可以提高短视频的趣味性和吸引力，给观众留下深刻印象。

（八）情景

可以通过创造特定的情景和背景来制作短视频。例如，可以在户外的美景中拍摄，或者在特殊的场景中制作短视频，营造出与众不同的氛围和视觉效果。

创造特定情景在短视频创作中是一种重要的手法，它通过创造特定的环境、场景和背景来吸引观众的注意力，加强故事情节的表达。具体操作要点如下：

1. 营造浪漫的情景

如图 2-13 所示，营造浪漫的情景，如美丽的自然风景、温馨的咖啡厅、浪漫的海滩等，可以引发观众的浪漫情感。例如，可以选择在日落的海滩上拍摄一个关于求婚的短视频，营造出浪漫唯美的情景，让观众为之动容。

图 2-13　情景类短视频

2. 营造紧张的氛围

如图 2-14 所示，制造紧张的情境场景，如黑暗的小巷、悬崖边缘、紧急救援等，可以引发观众的紧张和刺激感。例如，一个惊悚短视频选择在午夜时分的废弃医院进行拍摄，利用音效和灯光效果营造出紧张的氛围，让观众紧张不已。

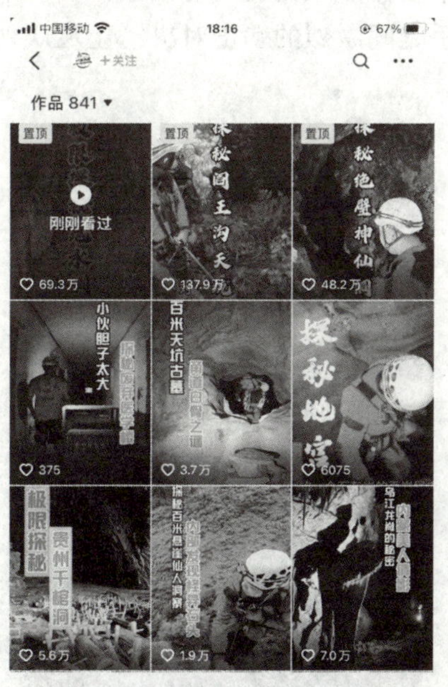

图 2-14　探险类短视频

3. 展现幽默场景

如图 2-15 所示，制造幽默的情境场景，如搞笑的日常生活场景、滑稽的角色互动等，可以引发观众的笑声。例如，一个喜剧短视频选择在一个咖啡馆拍摄，让主角陷入一连串搞笑的窘境和误会中，引发观众的欢笑。

图 2-15　幽默场景类短视频

4. 描绘激烈的对决

如图 2-16 所示，制造激烈对决的情境场景，如格斗场、竞技场等，可以引发观众的紧张感和兴奋感。例如，一个动作片风格的短视频选择在一个拳击场进行拍摄，通过快速剪辑和音效，展现主角与对手之间激烈的拳击对决，让观众兴奋不已。

图 2-16　激烈对决类短视频

5. 营造奇幻的氛围

如图 2-17 所示，制造奇幻的情境场景，如神秘的森林、魔法城堡等，可以引发观众的好奇和幻想。例如，一个奇幻冒险的短视频选择在一个神秘的森林进行拍摄，利用特效和音效营造出奇幻的氛围，让观众沉浸其中。

图 2-17　奇幻场景短视频

合理选择和制造情境场景，可以增强短视频的情感表达能力和故事感染力。无论是营造浪漫、紧张、幽默、激烈还是奇幻的情境，都能够吸引观众的注意力，让他们更好地体验短视频营造的氛围。

（七）对比

可以将不同的元素或观点进行对比，制作引人注目的短视频。例如，可以对比不同的美食口味、时尚搭配风格或旅行目的地的特点，给观众带来新鲜感。

对比是短视频创作中常用的手法，它通过比较不同的元素、情境或角色，以突出差异和制造冲突，从而激发观众的兴趣。具体操作要点如下：

1. 运用对比表达差异

对比不同事物的特点、形象或表现方式，可以凸显它们之间的差异。例如，一个关于时尚的短视频可以对比不同风格的服装，展示不同的时尚观念。

2. 运用对比制造冲突

对比相互矛盾或冲突的元素、观点或行为，可以制造戏剧性的冲突和张力。例如，一个喜剧短视频可以对比两个完全相反的角色，让他们发生碰撞和冲突，引发观众的笑声。

3. 运用对比创造悬念

通过对比不同的情节或场景，能制造悬念和引发观众的好奇心。例如，一个悬疑短视频可以对比两个不同时间和地点的场景，通过剪辑和音效，展示它们之间的联系，引发观众思考。

4. 运用对比强调变化

对比同一事物或场景的不同状态或变化，可以突出其中的变化过程。例如，一个美食短视频可以对比食材的原始状态和经过加工后的美状态，展示食物的变化和制作过程，引发观众的食欲和好奇心。

5. 运用对比凸显优势

对比不同产品、服务或解决方案的优势和劣势，可以凸显自身的竞争优势。例如，一个产品推广的短视频可以对比不同品牌的产品特点和用户体验，直观地展示自己产品的独特之处，吸引观众的关注。

巧妙地运用对比手法，短视频创作者能够营造出更具冲击力和吸引力的内容，引发观众的兴趣和共鸣，从而实现更好的传播效果。

（八）故事

可以通过讲述故事的方式来制作短视频。故事可以是真实的或虚构的，它能够吸引发观众的情感共鸣。例如，可以通过一个小故事来传达产品的优势或某项服务的价值，让观众更容易理解和接受。

故事是短视频创作中最为重要和吸引人的部分之一。一个引人入胜的故事可以激发观众的情感共鸣，为观众提供深入的情感体验，并引发观众的思考。具体操作要点如下。

1. 设计情节

好的故事需要一个引人入胜的情节。设置故事的背景、创设角色以及表达冲突和目标，可以吸引观众的注意力并激发他们的好奇心。例如，以一个旅行者的冒险故事为线索，描述他们在不同的目的地遇到的挑战。角色是故事中的重要元素，他们能够让观众产生共情和情感连接。塑造真实、有趣和有深度的角色，可以使观众关注故事的发展。例如，一个搞笑短视频可以塑造一个滑稽可爱的角色，让观众忍俊不禁。

2. 引发情感共鸣

好的故事能够触动观众的情感，引发情感共鸣。创造情感冲突、展示情感转折和呈现人物的情感变化，可以使观众更深入地参与故事的发展。例如，一个励志短视频可以展示主人公通过努力，最终实现了目标，激发观众的积极情感和自我成长的共鸣。

3. 制造悬念和转折

悬念和转折是吸引观众的重要元素。在故事中设置悬念和转折点，可以使观众一直保持好奇心，想要继续观看下去。例如，一个悬疑短视频可以逐步揭示出一系列线索和谜题，引发观众的探索欲望和解谜兴趣。

4. 传递主题和价值观

故事可以传递特定的主题和价值观念，通过情节的发展来表达特定的观点或思想。例如，一个环保主题的短视频可以先展示人类对环境的破坏，再引出某个角色的环保行动，传递保护环境的重要性。

运用故事的力量，可以打动观众的心灵，创造深入的情感共鸣，并传递特定的信息和价值观，从而引发观众的情感共鸣。

这些选题制作方法可以灵活组合和应用，根据创作需求和目标受众来选择合适的方案。创新的选题制作，可以吸引更多的观众，提升短视频的影响力和传播效果。

第三节 短视频文案策划

一、短视频标题与简介的重要性

短视频标题与简介的撰写对于短视频的成功传播至关重要。如图 2-18 所示，它们不仅能够点明短视频的主题和内容，还能在算法分发中起到关键作用，吸引用户的注意力，并促使他们点击观看。

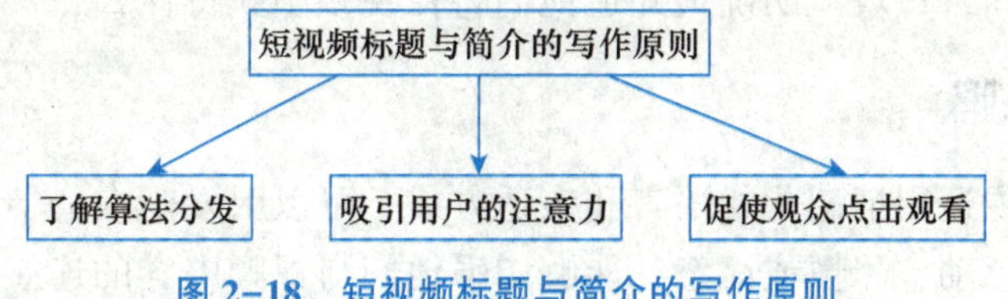

图 2-18 短视频标题与简介的写作原则

（一）点明主题和内容

短视频标题和简介应该能够准确地传达短视频的主题和内容，让观众在第一时间了解视频涉及的话题。精准的标题和简介能够帮助观众快速决定是否点击观看，提高点击率和观看时长。

（二）了解算法分发

在短视频平台上，算法对内容的推荐和分发具有重要作用。一个吸引人的标题和简介能够提高短视频在算法中的曝光率和推荐优先级，从而吸引更多观众点击和观看。精心设计的标题和简介能够使短视频在众多竞争对手中脱颖而出。

（三）吸引用户的注意力

在短视频平台上，用户面临着大量的视频选择。一个有吸引力的标题和简介可以吸引用户的注意力，并让他们对视频产生兴趣。运用诱人的文字、引发好奇心或激发情感的方式，可以吸引更多的用户点击观看短视频。

二、短视频标题与简介的写作要点

短视频标题与简介在吸引观众注意和促使他们点击观看方面重要作用。

（一）简明扼要

短视频标题与简介应该简洁明了，用简练的语言表达核心内容。观众通常只花几秒钟的时间来决定是否点击观看，因此标题与简介要快速传达关键信息，激发观众的兴趣。

（二）引人入胜

好的短视频标题与简介应该能够激发观众的好奇心和兴趣。运用吸引人的词汇、独特的表达方式或设置悬念，可以激发观众的探索欲望，促使他们点击观看并了解更多内容。

（三）突出亮点

标题与简介应该突出视频的亮点或独特之处。可以强调视频的内容特色、观点立场、主要事件或精彩瞬间，让观众明确地知道他们将在视频中获得什么。

（四）情感共鸣

在标题和简介中运用情感化的语言和表达方式，可以引发观众的情感共鸣，触动观众的内心，如幽默、感动、恐惧或愤怒，能够增强他们与视频内容的连接，提高他们点击和观看的意愿。

（五）关键词优化

合理使用关键词可以提高短视频在搜索结果中的排名和曝光率。了解目标观众的搜索习惯，选择相关的关键词并巧妙地融入标题与简介中，可以增加视频被发现和点击的机会。

三、短视频标题撰写的注意事项

短视频标题与简介对吸引观众、传达信息和提高点击率至关重要。

（一）切忌“标题党”

避免使用夸张、虚假或与实际内容不符的标题，这样会失去观众的信任。确保标题与视频内容一致，并真实反映视频的亮点和核心。

（二）语言通顺

标题与简介的语言应该流畅易懂，避免使用过于复杂的词汇和长句子。要使用简洁明了的语言，让观众能够迅速理解要传达的信息。

（三）善用句式

采用多样化的句式和表达方式，可以增加标题与简介的吸引力。例如，使用问句、感叹句等句式，可以增加句子的亮点。

（四）格式标准

要确保标题与简介的格式规范统一，必须符合平台的要求。例如，注意字体大小、颜色和对齐方式的统一，使标题与简介看起来更加专业和整洁。

（五）字数适中

标题与简介的字数应该控制在合适的范围内，不要过长，也不能过短。通常来说，标题应尽量简洁，控制在10个字以内；简介可以稍长一些，但也要注意不要过于冗长，最好30~50个字。

四、短视频文案撰写的关键技巧

短视频文案的写作技巧对于吸引用户的注意力、传达信息和引发互动至关重要。以下是一些关键技巧。

（一）联系社会热点

关注当前社会的热点话题，并将其与短视频内容相关联。引用或提及与热点相关的关键词和事件，可以激发用户的兴趣。这其中包括三个要点：

1. 关注时事新闻

及时了解当前的社会热点事件，如政治、经济、科技、娱乐等方面的新闻。根据这些热点事件，可以撰写相关的短视频文案来吸引用户的关注。假设某个社交平台正在推出新的隐私政策，可以制作一个关于用户隐私保护的短视频，并在文案中提及最新的隐私政策，引发用户对个人信息保护的讨论。

2. 洞察社会趋势

观察和研究社会的变化和趋势，找到与视频内容相关的热门话题，如生活方式、健康、教育、环保、创新科技等方面。假设运营者是一个健身博主，则需要关注最新的健身潮流和健康生活方式，以此为基础创建短视频，并在文案中提及当前流行的健身方式、饮食习惯或者新兴的健身科技，吸引对健身感兴趣的观众。

3. 反映相关问题

关注环境问题，并通过短视频文案传达出对这些问题的关注。假设运营者是一个环保博主，可以创建一个关于垃圾分类的短视频，并在文案中强调垃圾分类的重要性，引发观众对环境保护的思考和讨论。

关注社会热点，可以更好地抓住观众的关注点，将短视频与当前的社会话题联系起来，吸引更多的用户传播。这样的联系可以让短视频更具有时效性，提升观众的点击率。

（二）符合用户需求

了解目标观众，明确他们的需求。根据用户的喜好和关注点，调整文案的语言和内容，确保与用户期望相符，提供有价值的信息。

1. 确定目标受众

了解目标受众是谁，他们的年龄、性别、兴趣爱好和消费习惯等，根据这些信息来调整短视频文案，使短视频内容能引起目标受众的共鸣。目标受众是年轻人，可以使用年轻化的语言风格和流行词汇来撰写文案，以便与他们更好地沟通。

2. 提供有价值的内容

确保短视频文案提供有价值的信息或者娱乐性的内容，满足观众的需求，如知识、技巧、生活经验、娱乐或者解决问题的方法等。一个美食博主可以在文案中提及这道美食的制作方法、特点和口感，让观众产生兴趣，并且获得一些烹饪的技巧和灵感。

3. 引发情感共鸣

触动观众的情感和情绪，与他们建立情感连接。这可以是通过讲述故事、表达情感、调动幽默感或者激发情感共鸣的方式来实现。一个旅行博主，可以在文案中描述旅行经历中的故事，引发观众对旅行的向往和憧憬，激发他们分享自己的旅行经历。

4. 提问和互动

在文案中引入问题或者互动元素，鼓励观众参与和留言，如提出一个问题、观点或者邀请观众分享自己的经验。一个健身博主可以在文案中提出一个健身挑战的问题，鼓励观众参与并分享自己的健身成果或者困惑。

通过深入了解目标受众，提供有价值的内容，引发观众的情感共鸣并与观众进行互动，可以更好地满足用户需求，吸引他们关注，提升短视频的观看率和互动效果。

（三）直击用户痛点

了解目标用户的问题和痛点，并在文案中直接回应这些问题。在视频中解决用户的困扰或给用户提供有益的建议，激发用户的兴趣。

1. 了解观众的痛点

研究观众的常见问题、困扰，找出他们的痛点所在。这可以通过市场调研、社交媒体互动和观众反馈来获取。一个财经博主，可以通过与观众的互动了解他们在理财和投资方面的困惑。

2. 有针对性地解决问题

在文案中明确指出观众的问题，并提供解决方案或者建议。确保文案能够直击观众的痛点，并给予实质性的帮助。财经博主可以在文案中提及一些简单的理财技巧，解答观众的疑惑，帮助他们更好地管理和增加财富。

3. 强调观众的利益

在文案中突出观众通过解决问题所能获得的利益和收益。说明内容能够帮助他们改善生活、提升技能或者获得更好的结果。一个健身博主可以在文案中强调通过健身可以获得更好的健康状况、身体素质和自信心。

以案例和故事的形式讲述：通过真实案例或者故事来展示观众的问题，并以成功案例建立他们的信心。一个美妆博主可以分享一个观众的妆容问题，并展示化妆技巧，让观众看到实际的效果和改变。

直击用户痛点是短视频文案中的重要策略，通过了解观众的需求和问题，并提供有针对性的解决方案，可以吸引观众的关注。这将增加短视频观看率，提升短视频的效果和影响力。

（四）加强互动

在文案中引导观众互动。例如，提出问题、征求意见或鼓励用户在评论中留下反馈。积极的互动，能够增加观众的参与度和黏性。

1. 提出问题并邀请观众回答

在文案中引入一个问题或话题，并邀请观众在评论或留言中分享自己的想法或经验。这种互动方式能够激发观众参与的欲望，并与他们建立更深入的连接。一个旅行博主可以在文案中问观众："你最喜欢的旅行目的地是哪里？请在评论中告诉我！"这样可以使观众分享自己的旅行经历和喜好。

2. 引导观众互动并分享观点

在文案中明确表示希望观众分享自己的观点、意见，并鼓励他们在评论或留言中表达自己的看法。这种互动方式能够增加观众的参与感，并且让他们感觉自己的声音被听到。一个时尚博主可以在文案中写道："这个季节你最喜欢的时尚趋势是什么？在评论中与我分享吧！"这样可以激发观众积极参与讨论，并分享自己对时尚的看法。

3. 引入互动挑战或游戏

在文案中引入一个互动挑战或者游戏，邀请观众在评论或留言中完成特定的任务或者回答问题。这种互动方式能够提升观众的参与度，并且带动更多的互动和分享。一个美食博主可以在文案中写道："尝试做一道美味的甜点，并将结果在评论中分享给我！最好的作品我会在下期视频中展示！"这样可以激发观众参与制作美食的热情。

加强互动是短视频文案中的重要策略，通过提出问题、邀请观众回答、引导分享观点，以及引入互动挑战或游戏，可以提升观众的参与度和忠诚度，提升短视频的互动效果，让观众更加积极参与。

（五）设置悬念

在文案中设置悬念，引起观众的好奇心，让他们更想进一步了解视频的内容。可以使用引人入胜的问题、故事情节或精彩片段，激发观众的兴趣并吸引他们点击观看。

1. 暗示未知的秘密或发现

在文案中透露某个未知的秘密或发现，但不具体揭示细节。这种方式会引起观众的好奇心，使他们想要了解更多信息。例如，在一个悬疑短视频的文案中，可以写道："一个古老的箱子，里面隐藏着一个惊人的秘密……"观众会被文案所吸引，想要了解箱子中的秘密。

2. 引发观众的疑问

在文案中提出引人思考的问题，但不立即给出答案。这种方式会激发观众的好奇心，使他们渴望找到答案。例如，在一个科普类短视频的文案中，可以写道："你知道为什么天空是蓝色的吗？本视频将揭晓答案！"观众会因为想要了解为什么天空是蓝色的而点击观看视频。

3. 提示即将发生的意外或转折

在文案中透露即将发生的意外或转折，但不揭示具体细节。这样的方式会引起观众的兴趣，使他们期待故事的发展。例如，在一个剧情类短视频的文案中，可以写道："她从未想到，命运会带她走上这样一段惊心动魄的旅程……"观众会想要了解主人公会经历怎样的旅程。

设置悬念是一种吸引观众的技巧，可以通过暗示未知的秘密、引发观众的疑问或提示即将发生的意外或转折，激发观众的好奇心和兴趣，促使他们继续观看和关注短视频。

（六）运用数据

如果视频有相关的数据支持，可以在文案中加以利用。引用关键数据或统计数字，可以增加视频的可信度和说服力。

1. 引用行业数据

在文案中引用行业的相关数据，以证明所呈现的观点或主题的重要性和普遍性。例如，在一个关于健康饮食的短视频的文案中，可以写道："根据最新的研究数据，每天摄入五份蔬菜和水果可以显著降低心脏病发作的风险。"引用研究数据可以增强观众对健康饮食的认知和重视。

2. 引用用户调查结果

在文案中引用用户调查或投票的结果，以展示广大用户对某个问题或主题的看法和态度。在一个关于旅行目的地的短视频的文案中，可以写道："根据我们的用户调查，超过80%的人认为这个目的地是他们梦寐以求的旅行地。"引用用户调查结果，可以激发观众对旅行目的地的兴趣和渴望。

3. 引用成就和有影响力的数据

在文案中引用团队或品牌取得的成就和有影响力的数据，以证明专业性和权威性。例如，在一个关于科技创新的短视频的文案中，可以写道："我们的团队已经荣获多个国际科技创新大奖，我们将带您领略最前沿的科技趋势。"引用成就和影响力的数据可以提升观众对短视频内容的信任和兴趣。

数据可以提供支持和证明，增强短视频文案的说服力和可信度。引用行业数据、用户调查结果或成就和有影响力的数据，可以让观众更加相信短视频所呈现的内容，并激发他们对短视频的兴趣。

第四节 短视频脚本策划

一、脚本策划

脚本策划是短视频制作过程中的重要环节，包括提纲脚本、文学脚本和分镜头脚本三个部分。这三个脚本相互关联，协同工作，以确保短视频的内容能够精准传达，并给观众带来良好的观赏体验。

提纲脚本是脚本策划的起点，用简洁明了的文字概括整个短视频的主要内容、故事情节和核心信息。提纲脚本能帮助策划团队明确短视频的目标和整体结构，为后续的创作奠定基础。

文学脚本是提纲脚本的延伸，将提纲脚本中的故事情节、对话和情感表达等元素进行详细描写，以便于导演、演员和摄影师等理解和准确呈现故事的细节和情感。文学脚本注重语言的表达和情感的塑造，能为创作团队提供创意的引导和角色的塑造。

分镜头脚本则将文学脚本中的情节和对话进一步细化为具体的镜头和画面，以指导拍摄和后期剪辑工作。分镜头脚本注重画面的构图、视觉效果和剪辑技巧，以确保短视频能够通过视觉和声音的呈现来引发观众的情感共鸣。

这三个脚本在脚本策划过程中相互衔接，通过不同层次的描述和细化，为整个短视频的创作提供了清晰的指导和规划。脚本策划的概述是在确保故事内容准确传达的前提下，提纲、文学和分镜头脚本的有机组合，使短视频制作团队能够有条不紊地完成创作工作，打造精彩的短视频作品。

（一）提纲脚本

提纲脚本是整个视频内容的大致框架和脉络，包括主要的情节、场景、角色和要传达的信息。提纲脚本的目的是为后续的文学脚本和分镜头脚本提供基本的指导和参考，如表2-1所示。

表 2-1　提纲脚本示例

流程	内容简述
开场	介绍主角（年轻女性）的日常生活，强调她渴望拥有健康的身心状态
问题引入	描述主角面临的健康问题（如缺乏运动、不良饮食习惯等），突出观众身边普遍存在的健康问题
介绍解决方案	介绍健康产品（如健身器材、营养补充品等）的特点和优势，强调其对改善健康的作用
应用场景展示	展示主角使用健康产品的场景，描述她在健身房锻炼或健康餐厅用餐的情景，突出产品的实际应用效果
结尾	总结主角的健康变化，强调健康产品的重要性，并呼吁观众关注自己的健康，尝试使用这些产品

下面介绍提纲脚本的撰写方法以及示例。

1. 确定主题和目标

确定短视频的主题和目标是非常重要的。主题可以是产品推广、品牌宣传、教育信息等，而目标可以是激发观众的兴趣、传达特定的信息、促成购买行为等。

2. 划分章节和场景

将短视频内容划分为几个章节或场景，每个章节或场景围绕一个特定的情节或概念展开，使整个视频结构分明和更具连贯性。

3. 描述情节和角色

对于每个章节或场景，描述其中的情节发展和角色行为，包括主要的情节转折、角色之间的互动、对话或行动等，确保情节的发展符合主题和目标，并能激发观众的兴趣。

4. 强调关键信息和亮点

在提纲脚本中，要明确强调要传达的关键信息和亮点，确保它们在整个短视频中得到突出展示。例如，突出展示产品的特点、优势、品牌的核心价值观等，使观众在观看过程中能够清楚地理解和记住这些重要信息。

撰写提纲脚本应使用简洁明了的语言来描述情节和角色行为，避免冗长和复杂的叙述。要注意节奏感，保持脚本的紧凑性，以便在短时间内吸引观众的注意力。

撰写提纲脚本，可以明确短视频的整体结构和内容，为后续的文学脚本和分镜头脚本提供指导。提纲脚本是一个基础性的框架，可以根据需要进行调整和优化，确保短视频内容的连贯性和有效传达目标信息。

（二）文学脚本

文学脚本是在提纲脚本的基础上更加具体化和细致化的创作，包括对话、情节发展、角色情感等方面的描述。

1. 激发观众的兴趣

文学脚本的开头需要能够引起观众的兴趣和好奇心，吸引他们继续观看。可以通过有趣的情节、悬念的引入或者令人心动的对话来吸引观众的注意。

2. 描述角色行为和对话

在文学脚本中，详细描述角色的行为和对话，确保其与主题和目标相符。对话应幽默、感人、富有张力，使观众能够与角色产生共鸣。

3. 情节发展和转折

文学脚本要注重情节的发展和转折，让观众保持关注和紧张感。可以通过角色的冲突、挑战、转变等方式推动情节的发展，引发观众的情感共鸣。

4. 强调关键信息和亮点

在文学脚本中要强调关键信息和亮点，确保它们在对话和情节中得到突出展示。这些关键信息可以是产品的特点、品牌的核心价值观等，可以通过角色的对话或行为来传递给观众。

5. 注意节奏和长度

文学脚本应该有合适的节奏和长度，以适应短视频平台规定的时长和观众的观看习惯，同时也避免对话冗长、情节拖沓，保持脚本的紧凑性和吸引力。

文学脚本示例：

场景：健身房

主角：Emma（年轻女性），教练

Emma：（满脸汗水地做俯卧撑）哎呀，健身真的好辛苦啊！

教练：没错，但坚持下去就会有回报的。你知道吗，每一次锻炼都是在塑造你更健康、更自信的身体。

Emma：（喘着气）是啊，我想变得更健康，更有活力。

教练：我有个小窍门，你可以尝试使用我们新上市的智能手环，它能记录你的运动数据，监测心率和睡眠质量，帮助你更好地管理健康。

Emma：真的吗？那听起来太棒了！我可以通过它来跟踪我的健身进展，还能提醒我保持良好的作息习惯吗？

教练：没错，它的应用程序还有许多有趣的功能，你可以与其他健身爱好者互动，参加挑战赛，激励彼此不断进步。

Emma：太棒了！我要赶紧去购买一个。谢谢你的建议，教练！

教练：不客气，记得每天坚持锻炼，并充分利用智能手环的功能，相信你会变得更加健康、自信和美丽！

在这个文学脚本示例中，通过角色的对话，介绍了智能手环的功能和优势，并强调了它对健康的影响。同时，通过角色的情感表达和互动，观众更容易与主角产生共鸣，进一步加强短视频的传播效果。

（三）分镜头脚本

分镜头脚本是将文学脚本中的情节和对话细化为具体的镜头和画面，用以指导拍摄和后期剪辑工作，如表 2-2 所示。

表 2-2　分镜头脚本示例

镜头	描述	动作	对白
1	远景，公园内景，阳光明媚，人们在草地上休息	主角小明走进画面，拿着一个冰激凌	无对话
2	中景，主角小明与朋友站在湖边，背景是湖水和垂柳	小明递给朋友一个冰激凌	小明：“尝尝这个冰激凌，我最近发现的新口味。”
3	特写，朋友接过冰激凌，露出愉悦的表情	朋友品尝冰激凌，满意地点头	朋友：“哇！这个味道真是太好了！”
4	近景，主角小明笑容满面	小明满足地笑着	无对话

下面介绍分镜头脚本的撰写方法。

1. 标明场景和镜头

在分镜头脚本中，每个镜头都需要标明所在的场景和具体的镜头描述，如室内/室外、白天/夜晚等，以及使用的镜头技巧，如近景、远景、特写等。

2. 描述角色动作和对话

描述角色的具体动作和对话，以指导演员和摄影师的表演和拍摄。可以注明角色的位置、姿势、表情，以及他们的对话内容和语气。

3. 强调画面构图和视觉效果

分镜头脚本要注重画面构图和视觉效果的指导，包括摄影角度、镜头移动、背景设置等。合理的画面呈现，可以增强短视频的观赏性和吸引力。

4. 注意剪辑和过渡

在分镜头脚本中，可以添加一些剪辑和过渡的说明，以指导后期剪辑师如何进行流畅的过渡和场景转换。例如，可以注明使用何种过渡效果、音效等来连接不同的镜头和场景。

表 2-2 的分镜头脚本示例，通过描述不同的镜头，指导拍摄时的场景、角色动作和对话。同时，强调画面的构图和视觉效果，以及角色的情绪和表情。这样的分镜头脚本可以为后期剪辑提供清晰的指导，以便制作出吸引人的短视频内容。

课后习题

一、判断题

1. 短视频已经成为人们日常生活中不可或缺的一部分，无论是在社交媒体平台还是流媒体服务上，都占据了重要地位。（　　）

2. 作为创作者，掌握短视频的剪辑与制作技巧不是很重要，因为它不会提高你的沟通效果或帮助你传达信息和想法。（　　）

3. 了解市场和用户需求对于短视频的定位和运营至关重要，通过分析需求，可以更好地满足观众的期望并实现成功的定位。（　　）

4. 制作具有吸引力的短视频需要选择和开发热门话题、垂直领域和个性化创意，这些因素将有助于吸引观众的注意力并提高频观看率。（　　）

5. 精心策划短视频的文案是必要的，通过撰写引人入胜的标题、导语、正文和结尾，可以吸引观众的注意力，提升视频的影响力和传播效果。（　　）

二、单选题

1. 在数字媒体时代，下列哪个选项是短视频最常出现的平台？（　　）

A. 博客　　B. 社交媒体
C. 流媒体服务　　D. 电子邮件

2. 为什么短视频在数字媒体时代如此重要？（　　）

A. 因为人们没有太多时间进行娱乐活动
B. 因为制作短视频可以降低沟通成本
C. 因为短视频可以满足用户消磨碎片时间的需求
D. 因为短视频可以传达更多的信息

3. 在制作短视频时，下列哪个选项是最重要的因素？（　　）

A. 视频长度　　B. 视频质量
C. 创意设计　　D. 观众需求

4. 下列哪个选项是成功进行短视频定位的关键？（　　）

A. 关注市场趋势　　B. 了解目标观众
C. 强调独特性　　D. 以上都是

5. 如何制作出具有吸引力的短视频选题？（　　）

A. 选择热门的主题　　B. 设计吸引人的标题
C. 拍摄高质量的画面　　D. 强调产品的特点

6. 在策划短视频文案时，下列哪个选项是最重要的部分？（　　）

A. 标题　　B. 导语
C. 正文　　D. 结尾

7. 下列哪个选项是提升短视频传播效果的最佳方式（　　）。

A. 增加视频长度　　B. 提高视频质量

C. 拟写吸引人的标题　　D. 扩大推广渠道

8. 在设计短视频脚本时，下列哪个选项是最重要的考虑因素？（　　）

A. 对白内容　　B. 场景设置

C. 角色设定　　D. 以上都是

9. 下列哪个选项是成功进行短视频剪辑的关键技巧？（　　）

A. 使用多种转场效果　　B. 添加背景音乐

C. 调整色彩和对比度　　D. 以上都是

10. 在制作短视频时，下列哪个选项是最容易忽视但又很重要的细节？（　　）。

A. 检查视频文件的格式和分辨率　　B. 关注视频稳定性和流畅性

C. 确保视频内容和创意的独特性　　D. 以上都是

三、多选题

1. 下列哪些选项是在策划短视频文案时需要考虑的因素？（　　）。

A. 标题　　B. 导语

C. 正文　　D. 结尾

E. 观众反馈

2. 在设计短视频脚本时，下列哪些选项是需要注意的细节？（　　）

A. 对白内容　　B. 场景转换

C. 动作连贯性　　D. 产品展示

E. 角色设定

3. 下列哪些选项是提升短视频传播效果的最佳方式？（　　）

A. 视频长度增加　　B. 创意独特性

C. 制作价值　　D. 推广渠道拓展

E. 互动环节设计

4. 在制作短视频时，下列哪些选项是需要注意的技术问题？（　　）

A. 视频格式和分辨率　　B. 视频稳定性和流畅性

C. 音效和背景音乐　　D. 转场效果和特效运用

E. 色彩和对比度调整

5. 下列哪些选项是成功进行短视频剪辑的关键技巧？（　　）

A. 合理运用剪辑软件工具　　B. 选择适当的转场效果

C. 添加合适的背景音乐　　D. 应用色彩和对比度调整

E. 关注观众反馈和评论

四、思考题

1. 短视频内容的策划和脚本编写是影响作品质量的关键环节。你认为一个成功的短视频内容策划需要考虑哪些因素？举例说明一个短视频的创意来源和如何将其转化为精彩的脚本。

2. 短视频的内容策划通常需要深入了解目标受众。请讨论一下为什么了解受众是短视频制作的关键因素？

五、案例分析题

一所大学计划在社交媒体上发布一则短视频招生宣传广告，旨在吸引更多优秀的高中生申请入学。你被聘请为该广告的脚本撰写师，需要为这则短视频设计分镜头脚本。

1. 请为这则短视频招生宣传广告设计一个简要的分镜头脚本，包括每个镜头的内容描述、镜头持续时间、音效或音乐的使用等。

2. 请提供一些关于为何选择这些镜头以及如何通过它们来传达学校特色和吸引力的解释。

3. 在脚本中应该包含哪些特殊的视觉效果或动画效果？

4. 请提供至少两个关键镜头的描述，这些镜头将突出学校的独特特色和吸引力。

5. 你会选择什么样的音乐或音效来增强广告的吸引力？为什么这些音乐或音效与学校的形象相契合？

6. 你的脚本是否考虑到观众的情感共鸣和对该大学的兴趣？如何通过这则广告来促使观众主动了解和申请该校？

第三章 短视频拍摄技巧

学习导图

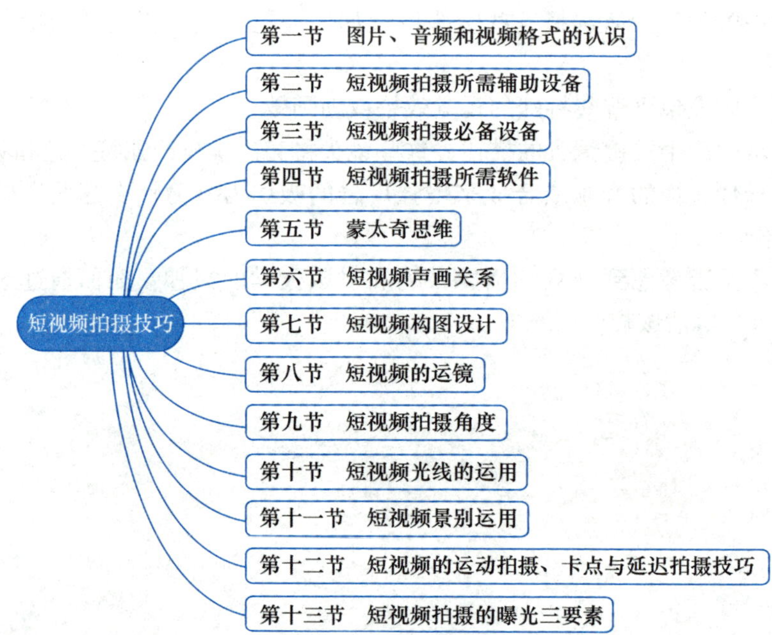

知识目标

1. 了解短视频拍摄的基础知识
2. 了解短视频拍摄技巧

能力目标

1. 掌握短视频构图的要素和方法
2. 能够熟悉短视频拍摄前需要完成的准备工作

思政目标

1. 提高学生的审美能力，拍摄出符合新时代主题精神的短视频
2. 多维度视角创作，在短视频拍摄中培养人文情怀与素养
3. 培养学生认真负责的工作态度和一丝不苟的工匠精神
4. 培养学生的团队协作能力，增强学生的大局意识

第一节　图片、音频和视频格式的认识

图片、音频、视频三种媒体格式在数字化时代具有重要的联系和互动。视频通常包含音频和图片的元素，通过结合连续的图像和声音来呈现丰富的内容和体验。音频可以独立存在，也可以与视频和图片配合使用，以增强观众的感知和情感体验。图片则可以作为静态的视觉元素，被嵌入视频或音频中，以提供更加直观的参考和辅助。

如图 3-1 所示，图片是以静态图像的形式记录和传输的媒体。它是通过捕捉和保存静止的视觉信息，表达特定场景、对象或情感的方式之一。图片可以是照片、插图、图标等各种视觉元素。

图 3-1　图片的示例

如图 3-2 所示，音频是指以声音形式表达的媒体，可以是语音、音乐、音效等各种声音元素的组合。音频通常以数字化的形式存在，可以在各种媒体播放器和设备上播放和传输。

图 3-2　音频的示例

视频是一种以图像序列形式记录和传输连续运动的媒体形式。它由一系列静止图像（帧）以特定的速率连续播放而成。视频通常包含图像、声音和其他多媒体元素，以展示和传达特定的内容和故事（图 3-3）。

图 3-3　视频的示例

图片、音频、视频这三种媒体格式之间的关系是相辅相成的，它们共同在多媒体的创作和传播中发挥重要作用。视频、音频和图片的结合可以为观众提供更全面和丰富的媒体体验，同时也为创作者和营销人员提供了更多的创作和传播方式，以满足不同受众的需求和喜好。无论是在电影、广告、社交媒体还是其他数字媒体平台上，这三种媒体格式的综合应用都能够带来更具吸引力和影响力的内容和传播效果。

第二节　短视频拍摄所需辅助设备

拍摄设备是指用于拍摄影像或视频的器材和工具。以下是一些常见的拍摄设备的介绍。

一、稳定设备

稳定设备在拍摄过程中能起到稳定相机或手机的作用，以避免手部晃动或其他不稳定因素导致的画面抖动和模糊。稳定设备的选择取决于个人的拍摄需求和预算。手持云台提供了最佳的稳定性和流畅性，适合追求高质量拍摄的专业用户。自拍杆适合自拍和简单拍摄，它提供了一定的稳定性和灵活性。手机支架是一种简单的解决方案，适合日常拍摄和简单视频录制。在选择稳定设备时，还应注意设备的质量和可靠性，以确保拍摄的稳定性和安全性。下面具体介绍几种常见的稳定设备。

（一）手持云台

如图 3-4 所示，手持云台是一种用于手机拍摄的稳定设备，通过电动马达和陀螺仪技术，可以有效减少手持摄影时的晃动，有利于提供稳定的画面。

图 3-4 手持云台示例

1. 优点

（1）手持云台通过电机和传感器实现三轴稳定，可有效抵消手部晃动。提供平稳的拍摄效果，使画面更加流畅和稳定。

（2）可以在移动中进行平滑跟踪拍摄，保持被拍摄对象的稳定画面。

2. 缺点

（1）需要额外的设备，增加了拍摄负担和体积。

（2）部分手持云台需要充电或使用电池，使用时间有限。

（3）需要一定的操作技巧和练习，以熟练掌握使用方法。

（二）自拍杆

如图 3-5 所示，自拍杆是一种可伸缩的杆状装置，可以将手机延长到更远的距离拍摄，适用于自拍或需要更大视野场景的拍摄。

图 3-5 自拍杆示例

1. 优点

（1）延长拍摄距离，使自拍更加方便和灵活。

（2）可以调节角度和高度，以获得更多拍摄选项。

（3）轻便，易携带，适合旅行和日常拍摄。

2. 缺点

（1）自拍杆的稳定性较差，容易出现抖动和晃动的情况。

（2）由长时间持握自拍杆引起的手部疲劳可能会影响拍摄效果。

（3）使用自拍杆时需要注意周围环境的安全性和隐患。

（三）手机支架

如图 3-6 所示，手机支架用于固定手机，使其稳定地放置在三脚架或其他支撑设备上，提供稳定的拍摄角度。

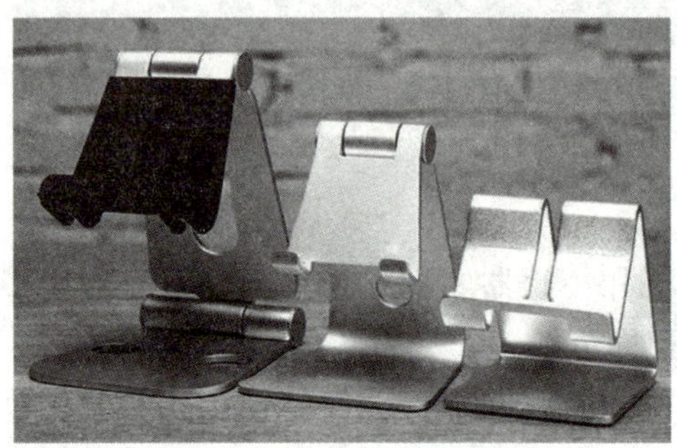

图 3-6 手机支架示例

1. 优点

（1）固定手机的位置，使拍摄更加稳定。

（2）可以调节角度和方向，适应不同的拍摄需求。

（3）兼容性广泛，适用于多种型号的手机。

2. 缺点

（1）仅提供固定功能，无法实现平滑移动。

（2）部分手机支架可能存在质量问题，需要选择可靠的产品。

（3）需要额外的支架和三脚架等辅助设备，才能实现更多拍摄角度和场景。

（四）八爪鱼支架

如图 3-7 所示，八爪鱼支架是一种灵活多用的手机或相机支架，得名于其类似于八爪鱼触手的设计。柔性、可弯曲的金属或橡胶材质组成的支架，可以将手机或相机固定在不同的位置和角度，从而实现各种拍摄需求。

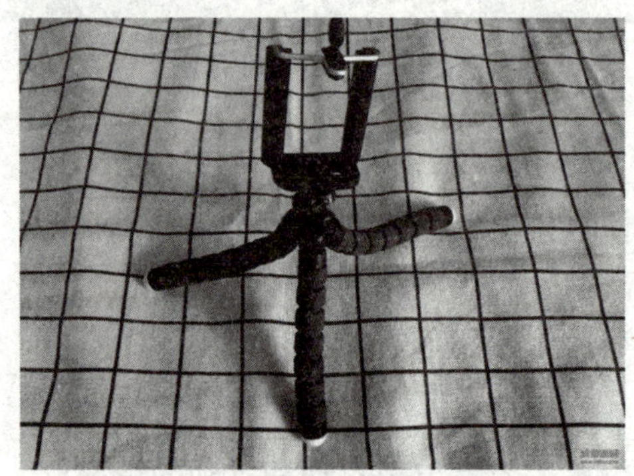

图 3-7 八爪鱼支架示例

八爪鱼支架的主要特点和用途如下：

1. 灵活可调

八爪鱼支架的支架部分由多个可弯曲的触手组成，可以自由调整形状和角度，使得手机或相机可以固定在任何位置和方向。这使得拍摄者可以实现各种创意的拍摄角度，包括自拍、远距离拍摄、高角度拍摄等。

2. 多功能

八爪鱼支架通常带有标准的 1/4 英寸螺丝接口，适用于大多数相机和手机。除了拍摄，它还可以用作手机或平板计算机的支架，方便观看视频、视频通话、阅读等。

3. 稳固可靠

八爪鱼支架的触手部分采用柔性材质，但同时也具有一定的稳固性，可以牢固地固定在不同的表面或物体上，确保拍摄设备的稳定和安全。

4. 轻便便携

八爪鱼支架通常采用轻便的材质制作，重量较轻，便于携带和使用。触手可以自由弯曲，还可以折叠或收起，方便放入口袋或背包中。

八爪鱼支架适用于各种拍摄需求，特别适用于自拍、夜景拍摄、延时摄影、旅行 Vlog 等场景。使用八爪鱼支架，拍摄者可以实现更加创意和灵活的拍摄方式，拍摄出更具个性和独特性的照片和视频。

（五）俯拍支架

如图 3-8 所示，俯拍支架是一种用于摄影和拍摄的设备，可以将相机或手机固定在一个俯视角度，从而拍摄到下方的场景。俯拍支架通常具有可调节的角度和高度，使拍摄者可以灵活地调整拍摄角度，以获得不同的视觉效果。

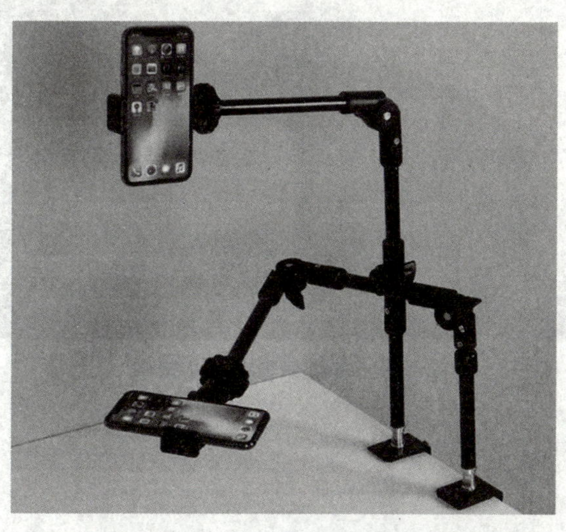

图 3-8　俯拍支架示例

俯拍支架的主要特点和用途如下：

1. 俯视拍摄

俯拍支架的设计使得相机或手机可以俯视被拍摄物体或场景。这种角度通常用于拍摄特定的场景，如美食摄影、手工制作、产品展示等。俯拍角度可以突出被拍摄物体的细节和纹理，营造出独特的视觉效果。

2. 高度可调

俯拍支架通常可以调节高度，可以根据需要将相机或手机放置在合适的高度，以拍摄不同高度的场景。这使得拍摄者可以灵活地选择适合的拍摄角度，以满足拍摄需求。

3. 稳定性

俯拍支架通常设计稳固，可以有效地防止相机或手机在拍摄过程中晃动或倾斜，保证拍摄画面的稳定性和清晰度。

4. 便携性

很多俯拍支架采用轻便的材质制作，便于携带和使用。一些支架还可以折叠或收起，方便携带到不同拍摄场地。

俯拍支架适用于各种场景和用途，特别是在美食摄影、产品展示、手工制作、教学演示等领域中有广泛的应用。使用俯拍支架，拍摄者可以轻松地实现俯视拍摄，突出被拍摄物体的细节，获得更具吸引力和创意的照片和视频。

二、手机外置摄像镜头

如图 3-9 所示，手机外置摄像镜头是一种附加在手机摄像头上的外部镜头设备，旨在提升手机拍摄的功能和画质，让用户可以获得更多拍摄选项和更高质量的照片和视频。

图 3-9　手机外置摄像头示例

手机外置摄像镜头的主要特点如下：

1. 镜头种类多样

手机外置摄像镜头通常包括多种种类，如广角镜头、望远镜头、鱼眼镜头等。每种镜头都有不同的特点和应用场景，用户可以根据拍摄需求选择合适的镜头。

2. 提升拍摄功能

通过添加外置摄像镜头，手机的拍摄功能得到了拓展。例如，广角镜头可以拍摄更宽广的景物，望远镜头可以实现更远距离的拍摄，鱼眼镜头可以获得更特殊的景象效果。

3. 提高画质

手机外置摄像镜头通常采用高品质的光学玻璃材质和优良的镀膜技术，可以有效降低畸变和色散，提高照片和视频的画质和清晰度。

4. 便携轻巧

手机外置摄像镜头通常设计紧凑、轻便，便于携带和使用。用户可以随时随地将其安装在手机上，不需要额外的包袱。

5. 适配性强

大多数手机外置摄像镜头都配备了各种型号的夹子或磁吸装置，可以适配多种手机型号，方便用户使用。

6. DIY 创意

外置摄像镜头让用户在拍摄中有更多的创意和发挥空间。运用不同的镜头组合和创造性的拍摄手法，用户可以创造出更加有趣和个性化的照片和视频作品。

总的来说，手机外置摄像镜头是一种便捷实用的手机配件，可以提升手机拍摄的多样性和质量。无论是日常生活中的拍摄，还是专业摄影爱好者，都可以通过外置摄像镜头取得更出色的拍摄效果。

三、收声设备

收声设备（图 3-10）在拍摄过程中用于捕捉清晰、高质量的声音。

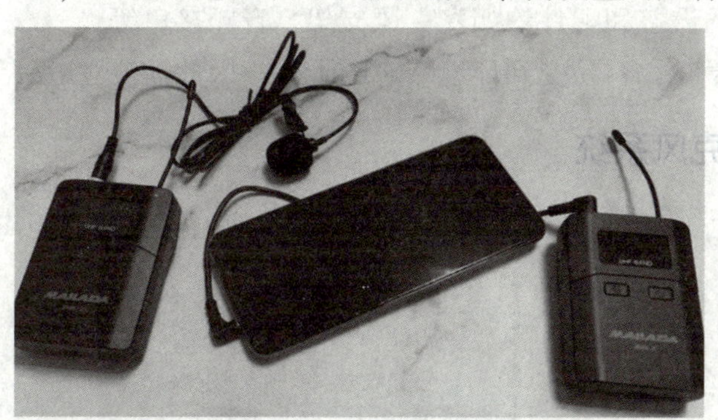

图 3-10　收声设备示例

无论是拍摄短视频、纪录片还是其他类型的视频内容，都需要考虑音频的质量和清晰度。选择哪种收声设备取决于拍摄需求、场景和预算。无论是专业的录音设备还是便携式麦克风，都可以提升视频的声音质量和用户体验。在选择收声设备时，需要考虑拍摄环境的噪声情况、距离和音频需求，并选择适合的设备类型和规格。此外，合理地设置和操作收声设备也是保证音频质量的关键，需要进行适当的测试和调整，以获得最佳的录音效果。下面介绍几种常见的收声设备。

（一）麦克风

麦克风是最常用的收声设备之一，有不同类型和形式的麦克风可供选择，如动态麦克风、电容麦克风等（图 3-11）。

图 3-11　麦克风示例

1. 优点

（1）提供清晰、准确的声音捕捉效果。

（2）可以选择适合不同拍摄场景的麦克风类型，如指向性麦克风、立体声麦克风等。

（3）可以与相机或录音设备连接，实现音频的同步录制。

2. 缺点

（1）需要额外的设备和配件，如麦克风支架、音频接口等。

（2）在户外拍摄时，容易受到环境噪声的干扰，因此需要注意音频的清晰度和质量。

（二）无线麦克风系统

如图 3-12 所示，无线麦克风系统适用于需要移动拍摄或拍摄距离较远的情况。

图 3-12　无线麦克风示例

1. 优点

（1）提供更大的灵活性和便利性，不受线缆长度的限制。

（2）可以实现无线连接，减少拍摄过程中的线缆纠缠问题。

（3）可以选择不同类型的无线麦克风，如领夹麦克风、手持麦克风等。

2. 缺点

（1）需要额外的设备和配件，如无线接收器、天线等。

（2）需要正确设置频率和信道，以避免干扰和冲突。

（三）随身录音设备

随身录音设备适用于需要灵活录音或在拍摄设备无法直接录制音频的情况。

1. 优点

（1）轻便，易携带，可以随时随地录制高质量的音频。

（2）提供多种录音模式和设置选项，适应不同的录音环境和需求。

（3）可以与其他设备进行连接，实现音频的同步录制。

2. 缺点

（1）需要额外的设备和配件，如外部麦克风、音频线等。

（2）需要熟悉设备的操作和设置，以获得最佳的音频效果。

四、灯光设备

灯光设备（图 3-13）在视频拍摄中能起到关键作用，会影响画面的明暗、色彩和氛围。合理的灯光设置能够提升视频的质量和视觉效果。

图 3-13　灯光设备

选择合适的灯光设备取决于拍摄需求、场景和预算。无论是专业的照明灯还是便携式LED灯，都可以为视频创作提供所需的光线效果。在使用灯光设备时，需要根据拍摄环境和需求，调整亮度、色温和角度，以获得理想的光线效果。同时，要注意灯光与拍摄对象的相互配合，以便创造出逼真、生动的画面效果。

介绍几种常见的灯光设备。

（一）照明灯

照明灯是专业影视拍摄中常用的灯光设备（图3-14），具有强大的照明功能和多种灯光效果选择。

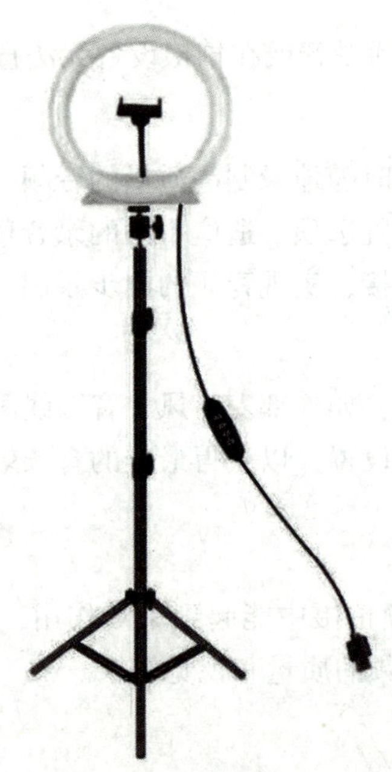

图3-14 照明灯示例

1. 优点

（1）提供强烈而稳定的照明效果，确保画面明亮、清晰。

（2）可以调节灯光的亮度、色温和角度，以满足不同场景需求。

（3）可以通过组合多个照明灯，创建更复杂的照明效果，如三点照明、补光等。

2. 缺点

（1）体积较大，需要额外的支架和固定设备。

（2）价格较高，对于个人或小团队有一定的经济压力。

（二）LED灯

LED灯（图3-15）因为具有节能、稳定、便携等优点，所以逐渐成为短视频拍摄中常用的灯光设备。

图 3-15 LED 灯示例

1. 优点

(1) 节能高效，具有较长的使用寿命。

(2) 可以调节亮度和色温，适应不同的拍摄环境和需求。

(3) 体积小巧，便于携带和安装，适合户外拍摄或特殊场景。

2. 缺点

(1) 光源的均匀性和色彩还原度不如照明灯。

(2) 对于大面积的照明需求，需要多个 LED 灯组合使用。

(三) 自然光

如图 3-16 所示，自然光是免费且广泛可用的灯光来源，尤其适用于户外拍摄或自然光线充足的室内环境。

图 3-16 自然光示例

1. 优点

(1) 自然光色彩自然，能够营造真实和生动的画面效果。

(2) 可以利用不同的时间和天气条件，创造出丰富多样的光线效果。

(3) 免费且方便获取，无须额外的设备和费用。

2. 缺点

（1）容易受天气、时间和环境的限制，不可控因素较多。

（2）在室内拍摄时，有时需要通过窗帘、反光板等辅助设备来调节光线的亮度和方向。

五、其他辅助设备

除以上设备之外，还有一些辅助设备在短视频拍摄中起到了重要的辅助作用。其中，反光板和幕布是常用的辅助设备。

（一）反光板

如图 3–17 所示，反光板是一种具有反射功能的工具，通常由可折叠的金属或塑料材料制成，表面涂有金属质感的材料。反光板能够反射光线，帮助调整拍摄场景的光线分布和亮度。它可以用来填充阴影部分，增加光线的柔和度和均匀性。在室内或者光线不足的情况下，使用反光板可以提供额外的补光效果，使拍摄画面更加明亮和清晰。

图 3–17　反光板示例

（二）幕布

如图 3–18 所示，幕布是用于营造背景环境的布料，通常是大块的布料或纸质材料，可用于拍摄静态或动态的背景。幕布具有不同的颜色、图案和纹理，可根据拍摄需求选择适合的幕布。它可以帮助营造特定的场景氛围，使拍摄画面更加生动和吸引人。幕布还可以起到隔离和遮挡其他环境元素的作用，确保拍摄画面的干净和专注。

图 3–18　幕布示例

这些辅助设备在短视频拍摄过程中起到了重要作用，能够提升拍摄质量，改善光线条件，营造更好的拍摄环境。根据具体的拍摄需求和场景，选择适当的辅助设备有助于创造出更专业、精美的短视频作品。

第三节　短视频拍摄必备设备

根据个人的拍摄需求、预算和技术水平，选择适合自己的设备是关键。手机适用于便捷的日常拍摄和社交分享，单反相机适合追求更高画质和更精细控制的摄影爱好者，而专业级摄像机则适合从事专业影视制作和大型项目的专业人士。在选择设备时，还应考虑拍摄的目的、场景需求以及后期制作的要求。

一、手机

手机的不断进步和技术的提升，使得现代手机在拍摄短视频方面具备了令人瞩目的设备和性能。

在设备方面，现代智能手机配备了高质量的摄像头，多个镜头和先进的图像传感器（图3-19）。这些技术的融合使得手机能够捕捉更加清晰、细腻的画面，同时还支持多种拍摄模式和调整选项，让用户可以根据需要自由调整拍摄参数，获得更具创意和表现力的视频。

图 3-19　智能手机示例

在性能方面，现代手机的处理器和图像处理能力日益强大。这使得手机在拍摄和后期处理过程中能够更加高效地处理复杂的图像数据，保证视频的流畅和质量。同时，手机还配备了大容量的存储空间，使得用户可以随时随地录制长时间的高清视频，而无须担心存储空间不足的问题。

在拍摄专业性方面，手机拍摄短视频的优势在于灵活性和便捷性。相比传统的专业摄影设备，手机更加轻便易用，拍摄者能够在各种场景和环境下自由移动，捕捉到更加真实、生动的画面。此外，手机还提供了多样化的拍摄模式和特效，让用户可以在拍摄过程中加入滤镜、剪辑和音乐，轻松实现个性化的创作。

如图 3-20 所示，陈可辛导演用 iPhone X 拍摄电影的事例证明了手机在拍摄短视频方面的潜力和可能性。虽然手机相比专业摄影设备仍有一定的限制，但随着技术的不断进步，手机在拍摄短视频方面的表现越来越出色，为创作者带来了更多的创意和表现空间。

图 3-20 陈可辛用 iPhone X 拍摄作品

（一）优点

（1）便携性强，随身携带方便，支持随时拍摄。

（2）操作简单，易于上手，适合初学者和日常拍摄。

（3）内置多种功能和应用，如滤镜、编辑工具等，能方便快捷地进行后期处理和分享。

（二）缺点

（1）相较于专业相机，手机的传感器较小，画质和细节表现有限。

（2）镜头选项相对有限，无法更换或追求更特殊的拍摄效果。

（3）对于长时间连续拍摄，手机的电池寿命和散热能力有限。

二、单反相机

如图 3-21 所示，单反相机通常配备大型传感器和高像素，这使得它能够捕捉高分辨率、细腻且色彩丰富的视频画面，相比手机在图像质量上有明显的优势，能够呈现更加生动逼真的影像。此外，单反相机兼容多种镜头，从广角到望远，从定焦到变焦，满足了不同场景和创意表现的需求。通过更换不同的镜头，创作者可以实现更加多样化和富有创意的拍摄效果。使用单反相机拍摄短视频为创作者提供了更多的创意和表现空间。因为具有高画质、丰富的镜头选择和手动控制等优势，单反相机成为专业摄影师和创作者的有力工具，为观众呈现出更加精彩、生动的影像世界。

图 3-21 单反相机示例

单反相机还提供丰富的手动控制选项，允许用户根据需要调整焦距、光圈、快门速度、ISO 等参数，使得创作者可以全面掌控拍摄过程，实现更加精准和自由的表达。这种手动控制的优势在复杂的光线条件下或特殊效果的实现中表现得淋漓尽致。

此外，单反相机通常支持外部麦克风连接，从而提供更好的音频录制效果。优质的音频录制能够增强短视频的表现力，让观众沉浸在影像故事中。

然而，虽然单反相机在拍摄短视频方面具备许多优势，但也需要一定的专业知识和技巧。创作者需要熟悉摄影知识和摄像技巧，从而最大限度地发挥单反相机的潜力，并创作出高水平的短视频内容。

（一）优点

（1）大传感器和更高像素，提供更高画质和更好的细节表现。

（2）可更换镜头，适应不同拍摄需求，如广角、长焦等。

（3）提供更多手动设置选项，允许摄影师更精细地控制拍摄参数。

（二）缺点

（1）相机本身较为笨重，需要携带额外的镜头和配件，不便于随身携带。

（2）学习曲线较陡峭，需要一定的摄影知识和技巧才能充分发挥其潜力。

（3）价格较高，包括相机本体、镜头和其他配件，对于预算有限的用户来说可能较为昂贵。

三、专业级摄像机

使用专业级摄像机（图 3-22）拍摄短视频为创作者带来了许多高水平的优势和可能性。专业级摄像机配备大型传感器和高端的图像处理技术，使得它能够捕捉极高分辨率、细腻且色彩清晰的视频画面。相比手机和单反相机，专业级摄像机在图像质量上有明显的优势，能够呈现更加真实、震撼的影像效果。

图 3-22 专业级摄像机

专业级摄像机通常配备多种高质量的镜头，从广角到超长焦，从定焦到变焦，以及各种专业定制的镜头。这为创作者提供了更加广阔和丰富的表现空间，能够实现更加多样化和创新的拍摄效果。而且，专业级摄像机的镜头常常具备高级的光学技术，能够在不同光线条件下保持出色的成像质量。

手动控制是专业级摄像机的一大特点，它提供了丰富的手动控制选项，允许用户根据需要调整焦距、光圈、快门速度、ISO 等参数。这使得创作者能够全面掌控拍摄过程，实现更加精准和自由的表达。此外，专业级摄像机还支持更多的拍摄格式和编码选项，为后期制作和色彩校正提供更多的灵活性。

在音频方面，专业级摄像机常常配备高质量的内置麦克风和音频接口，同时支持外部音频设备的连接。这保证了音频录制的高品质，为短视频的制作提供了更加完整和出色的效果。

使用专业级摄像机也需要更多的专业知识和技巧。创作者只有熟悉摄影和摄像的专业知识，了解摄像机的各种功能和调节方式，才能最大限度地发挥其潜力，创作出高水平的短视频内容。

综上所述，使用专业级摄像机拍摄短视频为创作者提供了更高水平的表现和创意空间。通过其高画质、多样化的镜头选择、丰富的手动控制以及高质量的音频录制，专业级摄像机成为专业摄影师和创作者的有力工具，拍摄出引人入胜、震撼的影像。

（一）优点

（1）高质量的图像和视频输出，适用于大型影视制作和专业拍摄需求。

（2）大传感器和更高的分辨率，提供更广阔的色彩空间和更精准的图像处理能力。

（3）丰富的拍摄模式和选项，可满足不同场景和需求的拍摄要求。

（二）缺点

（1）设备体积较大，不适合随身携带和日常拍摄。

（2）使用复杂，需要专业的摄影知识和操作技巧。

（3）成本较高，包括摄像机本体、附件和后期制作设备等，需要较高的投资。

以上拍摄设备具有不同的特点和应用场景，可以根据个人需求和预算选择适合自己的设备。手机作为一种便携式设备，具备拍摄和分享的便利性，适合初学者或日常生活中的拍摄；而单反相机和专业级摄像机则更适合有更高要求和专业需求的摄影爱好者、摄影师和影视制作人员。总之，选择适合自己需求的拍摄设备，并结合稳定设备、灯光设备和其他辅助设备，可以提升拍摄质量和创作效果。

第四节　短视频拍摄所需软件

一、Flimic

（一）介绍

Filmic Pro 是一款功能强大的手机拍摄辅助工具，旨在提供专业级别的摄影和视频录制功能（图 3–23）。它为手机用户提供了更多的控制权和选项，使他们能够在手机上获得更高质量的影像。Filmic Pro 适用于 iOS 和 Android 设备，并且非常受专业摄影师、电影制片人和视频制作人的欢迎。它为用户提供了一种在手机上拍摄高质量视频的有效方式，使手机摄影变得更加专业和便捷。

图 3-23　Filmic logo

（二）主要特点和功能

1. 手动控制

Filmic Pro 允许用户手动调整焦距、曝光、ISO、快门速度等参数，这为摄影师提供了更多创意和控制的自由。

高质量视频：该应用支持高分辨率视频拍摄，包括 4K 甚至更高分辨率。这意味着用户可以在手机上获得更清晰、更细腻的影像。

2. 平滑对焦和曝光

Filmic Pro 具有先进的自动对焦和自动曝光功能，可确保拍摄画面清晰、明亮，并且不会出现晃动或闪光等问题。

3. 影像参数调整

用户可以调整图像的色彩、对比度、饱和度等参数，以便根据需要进行个性化的色彩校正。

4. 高帧率录制

Filmic Pro 支持高帧率录制，如 120fps 或更高，这使得用户可以拍摄出更加流畅和具有慢动作效果的视频。

5. 分级色彩预设

该应用提供了多种预设的分级色彩设置，可以在拍摄时为视频添加不同的风格和氛围。

6. 高级音频控制

Filmic Pro 允许用户使用外部麦克风录制声音，同时还可以调整音频增益和监控音频输入。

7. 时间码支持

对于专业用户，Filmic Pro 还支持时间码显示，有助于视频后期处理和同步工作。

8. 高级稳定性

该应用的稳定性较高，可以减少晃动和震动导致的画面模糊。

二、格式工厂

（一）介绍

格式工厂（Format Factory）是一款功能强大且免费的多媒体格式转换工具，可以在Windows 操作系统上运行（图 3-24）。这个应用程序允许用户在不损失质量的情况下转换各种不同类型的多媒体文件，并且还具备其他有用的多媒体处理功能。

图 3-24　格式工厂 logo

（二）主要特点和功能

1. 多格式支持

格式工厂支持转换几乎所有主流的音频、视频和图像文件格式。用户可以将文件从一种格式转换为另一种格式，以适应不同的设备和平台。

2. 视频转换

通过格式工厂，用户可以将视频文件转换为 mp4、avi、mkv、flv 等常见格式，以及支持特定设备的格式，如 iPhone、iPad、Android 等。

3. 音频转换

格式工厂可以将音频文件转换为 mp3、wma、aac、ogg 等流行音频格式，使用户能够在多种设备上播放音乐。

4. 图像转换

格式工厂还支持图像格式转换，用户可以将图片转换为 JPG、PNG、GIF 等格式，以便在不同场景下使用。

5. DVD 转换

用户可以使用格式工厂将 DVD 光盘转换为视频文件，这样就可以在计算机或其他设备上观看 DVD 内容。

6. 视频和音频剪辑

格式工厂的工具箱内置简单的视频和音频剪辑功能，允许用户裁剪、合并和分割多媒体文件。

7. 图像处理

格式工厂提供基本的图像处理功能，如旋转、调整大小、添加水印等。

8. 字幕添加

通过格式工厂，用户可以在视频文件中添加外挂字幕，以便在观看时显示字幕内容。

9. 批量转换

格式工厂支持批量转换多个文件，可以节省用户的时间和精力。

此外，格式工厂的界面设计简洁直观，即使不太熟悉计算机操作的用户也能轻松上手。

三、OCam 录屏软件

（一）介绍

OCam 是一款免费的屏幕录制软件（图 3-25），旨在帮助用户捕捉计算机屏幕上的活动，并生成高质量的录像文件。它适用于 Windows 操作系统，具有简单易用的界面，方便用户进行屏幕录制和设置，适用于需要录制屏幕活动的个人和专业用户。无论是制作教学视频、演示演讲、录制游戏过程还是捕捉计算机问题，OCam 都能提供便捷的解决方案。

图 3-25　Ocam Logo

（二）主要特点和功能

1. 屏幕录制

OCam 允许用户录制整个屏幕、特定区域或单个应用程序窗口的活动。这使得用户可以选择性地捕捉他们想要记录的内容。

2. 音频录制

除了屏幕录制外，OCam 还可以录制来自麦克风或系统声音的音频，从而实现完整的屏幕录像，包含声音和画面。

3. 多种输出格式

软件支持将录制的屏幕视频保存为多种常见格式，如 avi、mp4 等，方便在不同设备上播放和编辑。

4. 帧率设置

用户可以利用 OCam 根据需要调整录制的帧率，以平衡视频质量和文件大小。

5. 快捷键支持

OCam 允许用户自定义屏幕录制的开始、停止和暂停快捷键，方便快速控制录制过程。

6. 录制计时器

OCam 提供一个计时器，可以设置录制开始的延迟时间，以便用户有充足的准备时间。

7. 实时预览

OCam 在录制过程中提供实时预览功能，让用户可以随时查看正在录制的内容。

8. 高性能录制

OCam 采用优化算法，以确保屏幕录制过程对系统性能的影响最小化。

9. 免费且无水印

OCam 是一款完全免费的软件，并且在录制过程中不会添加任何水印。

第五节　蒙太奇思维

一、蒙太奇简介

蒙太奇（Montage）是一种影视制作和编辑技术，通过将不同的镜头、画面、音频和其他元素组合在一起，创造出独特的叙事效果或情感表达。它是电影和视频中常用的一种艺术手法，可以通过剪辑和组合不同的片段来传达特定的信息、情感或故事。

蒙太奇的概念最早由苏联导演谢尔盖·爱森斯坦（Sergei Eisenstein）提出，并在其影片《十月革命》等作品中得到了广泛运用。蒙太奇的核心思想是通过剪辑和组合不同的镜头，创造出新的意义和情感。这种剪辑技术可以通过多种手段实现，如快速剪辑、交叉剪辑、对比剪辑、重复剪辑等。

蒙太奇作为一种强大的创作手法，可以为影视作品带来丰富多样的表现效果。在短视频制作中，蒙太奇技术的运用可以提升作品的艺术性、吸引力和叙事效果，使观众更加投入观看并感受到创作者的意图。

二、蒙太奇的应用可以带来多种效果和表达方式

（一）快速节奏

快速剪辑和短时长的镜头切换，可以营造紧凑、充满动感和节奏感的效果，增强视觉冲击力。

（二）情感表达

对比剪辑、交叉剪辑等手法，可以将不同的情感元素组合在一起，传达复杂的情感状态，激发观众的情绪共鸣。

（三）叙事推进

蒙太奇的手法，可以将不同的场景、角色和时间线组合在一起，推动故事情节的发展和转折，增加悬念和吸引力。

（四）意象连接

将不同的画面或元素进行关联和连接，可以形成意象上的呼应和联想，强化主题或表达象征意义。

三、蒙太奇的常见类型

（一）叙事蒙太奇

1. 平行蒙太奇

平行蒙太奇通过交替展示两个或多个平行发生的情节线索，以增加悬念和紧张感。例如电影《无间道》通过交替展示警察与黑帮之间的故事线，以及主角在两个身份之间的矛盾和紧张关系，营造出紧凑而扣人心弦的叙事效果。

2. 交叉蒙太奇

交叉蒙太奇通过频繁切换不同场景之间的剪辑，展示两个或多个情节线索之间的联系。在电影《推手》中，通过交叉剪辑描述了三个主要角色的生活，展现了他们之间错综复杂的关系和相互影响，使观众逐渐了解到整个故事的真相。

3. 颠倒蒙太奇

颠倒蒙太奇以倒序的方式展示一系列事件或情节，创造出非线性的叙事效果。例如电影《让子弹飞》，影片在叙事上采用了颠倒的方式，通过揭示背后的秘密和反转的情节，给观众带来紧张感和惊喜。

4. 连续蒙太奇

连续蒙太奇通过流畅地连接一系列相关的场景或事件，展示线性叙事的连贯性和流畅性。电影《卧虎藏龙》以流畅的动作的连贯剪辑和场景切换，展示了角色之间的武功比拼和情感纠葛，创造出一种优美而连贯的叙事体验。

5. 抒情蒙太奇

抒情蒙太奇通过一系列诗意和情感丰富的图像和场景，来表达某种情绪或情感状态。它可以用于营造浪漫、悲伤、喜悦等情感氛围。电影《卧虎藏龙》通过细腻的表达和优美的画面，将武侠世界中的情感、爱恨情仇以及人物内心的矛盾和挣扎表现得淋漓尽致。

（二）表现蒙太奇

1. 心理蒙太奇

心理蒙太奇通过非线性的剪辑手法，展示人物内心世界和情感状态的变化。它可以用于表达人物的情绪、思想、幻觉等心理层面的内容。在电影《追随》中，通过叙事和剪辑手法，将主角的内心世界和情感状态与故事情节相结合，给观众带来紧张、扣人心弦的心理体验。

2. 隐喻蒙太奇

隐喻蒙太奇通过使用象征性的图像、符号或场景，传达比喻和隐喻的意义。它可以用于呈现抽象概念、探索人性或传递寓意。电影《芳华》中，通过隐喻的手法，以一群军队文工团的女兵经历和成长为主线，寓意着国家的变迁与发展，将个人命运与国家历史相互映照，呈现了深刻而富有象征意义的故事。

3. 对比蒙太奇

对比蒙太奇通过对比不同的图像或场景，强调对立、矛盾或冲突。它可以用于传达冲突、对立观点、社会问题等。电影《活着》就是通过对比主人公的人生起伏和历史变迁，以及对家庭、社会的观察，展现了人与环境、个人与社会之间的冲突和矛盾，呈现出生命的意义和价值。

4. 重复蒙太奇

重复蒙太奇通过反复出现相似的图像、动作或场景，以强调某种主题、情感或意义。它可以用于强化某个元素的重要性或展示变化和演变的过程。电影《花样年华》就是一个经典的重复蒙太奇的例子。导演王家卫运用了多次重复呈现相同的场景和情节，以探索时间流逝和人物关系的变化。电影中的主要角色在不同的时间段中经历了各自的情感纠葛和成长，而这些情感经历在不同的年代中不断重复和呈现，形成了一种回环的感觉。

5. 积累蒙太奇

积累蒙太奇通过逐渐增加图像、元素或场景的数量，以增强视觉和情感的冲击力。它可以用于表达累积、扩大或递进的概念。电影《阿甘正传》，通过将不同的场景和图像进行剪辑，展现出主角的成长和生命中的重要时刻，表达了人生的意义和价值，使观众随着剧情的发展和积累，感受到故事的深度和情感上的共鸣。

第六节　短视频声画关系

声画关系是指在电影或视频制作中，声音和图像之间的相互作用和表达方式。它可以通过不同的处理方式来实现不同的效果和情感传达。

一、声画同步

声画同步是指声音和图像在时间上完全一致，呈现出一种紧密的协调关系。这种同步可以加强视听的一致性，提升观影体验，使观众更加沉浸在故事情节中。例如，在一部电影中，人物的口型和对话声音完全同步，让观众更容易理解对话内容。在一段旅行短视频中，画面展示了美丽的风景，同时配以轻快愉悦的背景音乐，使观众感受到与自然和谐相处的愉悦氛围。

二、声画分立

声画分立是指声音和图像在时间上存在一定的差异，创造出一种分离的效果。这种分立可以用于营造悬念、张力或者反讽的效果。例如，在惊悚片中，画面展示一个人物正准备打开门，但声音却突然停止，营造出一种紧张和期待的氛围。在一段悬疑短视频中，画面呈现一个黑暗的房间，配以紧张的背景音乐，音乐的节奏与画面之间存在微妙的错位，让观众感受到紧张和不安的氛围。

三、声画对立

声画对立是指声音和图像之间存在截然相反的关系，营造一种矛盾的效果。这种对立可以用于强调情感或者情节的冲突。例如，在一部喜剧电影中，画面展示了悲伤的情节，却播放欢快的音乐，制造出一种戏剧性的反差。在一段喜剧短视频中，画面展示了一个人搞笑的动作和表情，但配以严肃、庄重的背景音乐，制造出一种戏剧性的对立效果，让观众感到滑稽可笑。

通过巧妙运用声画关系，电影制作者可以更好地引导观众的情感体验和理解。不同的声画处理方式可以营造出不同的氛围，加强剧情的表达，突出故事的主题，从而提升作品的艺术性和观赏性。

四、短视频音乐选择

短视频音乐选择是一个关键的环节，它能够极大地影响观众对视频的感受和情绪。下面是一些短视频音乐选择的技巧。

（一）与视频主题匹配

选择与视频主题相符的音乐是至关重要的。音乐的风格、节奏和情感应与视频的内容相呼应，共同传达出想要表达的信息。

（二）情感共鸣

音乐有着独特的情感表达能力，能够引发观众的情感共鸣。根据视频所要传达的情感，选择能够触发和强化这种情感的音乐，能让观众更加投入。

（三）节奏和动感

短视频通常需要充满活力和节奏感，因此选择具有明快、活泼的节奏和旋律的音乐能够增加视频的活力和吸引力。

（四）版权合规

确保选择的音乐具有合法的版权，避免侵权问题。可以选择使用免费音乐库提供的版权允许的音乐，或者购买合法的音乐授权，以确保视频在版权方面没有问题。

（五）音乐与声效的协调

如果视频中存在声效或对白，需要注意音乐和声效之间的平衡。确保音乐不会干扰观众对声效或对白的理解。

（六）长度适宜

根据视频的时长和节奏，选择适合的音乐长度。音乐的开始和结束应与视频的起伏和高潮相匹配，避免音乐在视频结束之前或之后突兀地截断或延长。

（七）个性化和独特性

为了在众多短视频中脱颖而出，可以选择一些独特、不常听到的音乐，从而给观众带来新鲜感和独特体验。

总之，短视频音乐的选择要考虑视频的主题、情感共鸣、节奏和动感，遵守版权规定，并与声效协调一致。巧妙选择合适的音乐，可以提升短视频的观赏性和吸引力，从而吸引更多的观众关注。

第七节　短视频构图设计

在短视频制作中，构图是一个至关重要的方面，它能够直接影响视频的视觉效果和吸引力。下面介绍几种常用的短视频构图方法。

一、对比构图

通过对比不同元素的大小、颜色、如形状等特点来产生视觉冲击力。

对比构图的方法有以下几种：

（一）大小对比

在画面中放置大小相差较大的对象，突出它们之间的尺寸差异（图 3-26）。例如，一个小孩站在巨大的建筑物旁边，或者一个巨大的水果与一个小小的餐具放在一起，这种对比形成了强烈的视觉冲击。

图 3-26 以大象作为参照物的对比构图

（二）颜色对比

通过使用不同饱和度、亮度或对比度的颜色，营造出强烈的视觉对比效果。例如，黑白对比、冷暖色对比、互补色对比等，可以使画面更加生动鲜明，更能吸引观众的眼球。

（三）方向对比

将两个或多个不同方向或动作的元素放置在画面中，形成动态对比。例如，一个人向左走，另一个人向右走；或者一辆车沿直线行驶，而另一辆车在拐弯。这种对比可以增加画面的生动感和张力。

（四）材质对比

将不同材质的物体放置在一起，突出它们质地和触感的差异。例如，将粗糙的木质表面与光滑的金属表面对比，或者将柔软的织物与坚硬的石头对比。这种对比可以让观众更加直观地感受到物体的质地特点。

（五）情绪对比

通过将两种截然不同的情绪或情景放置在一起，制造戏剧性的对比效果。例如，将喜剧元素和悲剧元素并置，或者将欢快和沉闷的场景相互对比，在观众心中引起强烈的情绪共鸣。对比构图可以帮助短视频创作者传达出色彩鲜明的视觉效果，吸引观众的眼球并留下深刻的视觉印象。合理运用对比构图，可以提升短视频的吸引力和影响力，让观众更加深入地理解所传达的信息。

二、残缺构图

如图 3-27 所示，通过切割或遮挡画面中的元素来营造一种不完整的感觉。这种构图方法可以激发观众的好奇心和想象力，增加视频的趣味性。残缺构图有以下几种技巧：

图 3-27　残缺构图示例

（一）手势遮挡

在画面中，可以利用人物的手或手指遮挡部分视野，营造出一种未完成的感觉。例如，一根手指指向某个物体，但只显示手指和物体的一部分，观众会好奇手指所指的是什么。

（二）对象遮挡

通过摆放物体或人物在画面中遮挡部分场景，产生一种隐晦的效果。例如，一个玻璃杯遮挡住了一部分风景，观众会想知道被遮挡的风景是什么样子的。

（三）部分揭示

通过将画面的一部分留空，暗示被隐藏的内容。例如，拍摄一个盒子，但只有一部分盒子盖被打开，让观众好奇盒子里的内容。

（四）缺失细节

在构图中故意忽略或模糊一些细节，以创造一种不完整的感觉。例如，拍摄一个人物，但只显示部分面部特征，观众会对其身份和故事产生兴趣。

运用残缺构图，可以激发观众的好奇心和参与度，引导他们去探索和想象画面中隐藏的故事和细节。这种构图技巧能够为短视频营销带来更多的吸引力。

三、水平线构图

水平线构图是一种构图技巧，可以通过水平线的运用来创造稳定和平衡的画面效果（图 3-28）。下面是一些拓展的水平线构图的例子。

图 3-28 水平线构图示例

（一）水平线分割

通过水平线将画面划分为两个或多个部分，每个部分呈现不同的内容或景象。这种构图方法可以突出不同元素之间的对比，同时营造一种平衡感和稳定感。

（二）水平线对齐

将画面中的主要元素、人物或物体与水平线对齐，使其与水平线保持平行或垂直。这种构图方法可以强调水平的稳定感，给人一种整齐和谐的感觉。

（三）水平线的延伸

通过将水平线延伸到画面的边缘，创造出一种广阔和开放的视觉效果。这种构图方法可以传达出空间的深度和广度，给人一种舒适和宁静的感觉。

（四）水平线的水平移动

通过移动相机或物体，使水平线在画面中水平移动。这种构图方法可以创造一种动态和流畅的效果，引导观众的目光在画面中移动，增加观赏的趣味性和吸引力。

（五）水平线的倾斜

在特定情境下，有意识地倾斜水平线，创造出一种动态和戏剧性的效果。这种构图方法可以传达出紧张、不稳定或有活力的情绪，使画面更富有张力和吸引力。

通过合理运用水平线构图，短视频创作者可以营造出稳定、平衡、开放或动态的画面效果，从而提升观众的视觉体验。在选择水平线构图时，要考虑短视频的主题和表达的情感，以及所要传递的信息和目标受众的需求，以取得更好的视觉效果和沟通效果。

四、三分构图

三分构图是一种常用的构图技巧，通过将画面分为三个等分的部分，将主体元素放置在其中一个或多个交叉点上，以创造出平衡、美感和视觉吸引力（图 3-29）。下面是一些拓展的三分构图的例子。

图 3-29　三分构图示例

（一）垂直三分

将画面垂直分为三个等分的部分，通常是左、中、右三个部分。主体元素可以位于其中一个部分，或跨越两个相邻部分。这种构图方法可以突出主体元素，并与背景或其他元素形成对比。

（二）水平三分

将画面水平分为三个等分的部分，通常是上、中、下三个部分。主体元素可以位于其中一个部分，或跨越两个相邻部分。这种构图方法可以在画面中营造出平衡和对比，使观众的目光在不同部分间流动。

（三）斜线三分

通过斜线将画面分为三个等分的部分，创造出动态和戏剧性的效果。主体元素可以沿着斜线分布，或位于其中一个部分。这种构图方法可以传达出活力、紧张或不稳定的情感。

（四）前景三分

将画面前景分为三个等分的部分，通常是近景、中景和远景三个部分。主体元素可以位于其中一个部分，或跨越多个部分。这种构图方法可以创造出层次感和纵深感，引导观众的目光在画面中移动。

（五）对角线三分

通过对角线将画面分为三个等分的部分，创造出动态和张力。主体元素可以位于其中一个部分，或跨越两个相邻部分。这种构图方法可以引导观众的目光在画面中流动，并增加视觉冲击力。

运用三分构图，短视频创作者可以在画面中创造出平衡、动态、层次和对比的效果，增强观众的视觉体验和吸引力。在选择三分构图时，要考虑短视频的主题、故事情节以及所要传达的情感和信息，以取得更好的视觉表达和沟通效果。

五、斜线构图

斜线构图是一种构图技巧，通过在画面中创建斜线元素来引导观众的目光，创造出动态和戏剧性的效果（图 3-30）。斜线构图可以增加画面的视觉冲击力，吸引观众的注意力，并传达出活力、紧张或不稳定的情感。下面是一些拓展的斜线构图的例子。

图 3-30　斜线构图示例

（一）对角线

使用对角线将画面分割成两个部分，从画面的一角延伸至其对角。主体元素可以沿着对角线分布，或者与对角线形成交叉、相互平行的线条。这种构图方法可以创造出张力和动感，并且引导观众的目光在画面中移动。

（二）斜线元素

在画面中引入斜线元素，如倾斜的建筑物、斜向的道路、斜切的光影等。这些斜线元素可以与主体元素形成对比或对话，营造一种动态和戏剧性的氛围。

（三）斜线排列

将画面中的多个元素沿着斜线排列，从一个角落延伸至另一个角落。这种排列方式可以创造出视觉上的流动感，使画面具有节奏感和动态感。

（四）对角线交叉

通过交叉的对角线元素创造出复杂的构图，形成层次感和纵深感。这种构图方式可以增加画面的复杂性和视觉吸引力。

（五）斜线运动

运用斜线运动的拍摄手法，如跟随斜线移动的镜头或斜线方向的快速剪辑。这种运动形式可以增加画面的动感和节奏感，让观众感受到一种紧张和活力。

短视频创作者可以巧妙运用斜线构图，使画面增加视觉冲击力和戏剧性，从而吸引观众的目光并传达出特定的情感和信息。在应用斜线构图时，创作者需要注意构图的平衡和比例，确保斜线元素与主体元素之间的关系和相互作用，以创造出最佳的视觉效果。

第八节　短视频的运镜

短视频镜头运用在整体视频制作中扮演着重要角色，对于创造出吸引人的视觉效果和传达准确的信息至关重要。它能够创造视觉吸引力、推动故事叙述、表达情感以及传递信息。精心选择和运用不同的镜头技巧，可以提升短视频的品质，吸引更多观众的关注。

第一，不同的镜头运用可以创造出各种视觉效果，如拉近镜头突出细节、运动镜头增加动感、对比构图突出主题等，从而吸引观众的注意力。精心选择和运用镜头可以使短视频更加生动、有趣，更能吸引观众的目光。

第二，短视频的镜头运用有助于讲述故事和传达信息。合理运用不同的镜头，可以创造出恰当的视角和画面，增强故事的连贯性和感染力。运用适当的镜头可以帮助观众更好地理解故事情节和体会情感。

第三，镜头运用也可以通过视觉方式表达情感。合适的运动镜头、特殊构图或镜头效果，可以传达出不同的情绪，如紧张、喜悦、悲伤等。正确运用镜头可以激发观众的情感共鸣，让他们投入视频的情境中。

第四，短视频镜头运用还能够传达清晰的信息。适当的镜头选择可以突出重要的细节，引导观众关注关键信息，从而确保视频的信息传递效果。精准的镜头运用可以帮助观众更好地理解视频的主题、目的和核心信息。

一、推镜头

推镜头是一种常见的镜头运用技巧，通过向前移动相机来逐渐接近被拍摄对象或场景，从而拉近视野（图 3-31）。这种镜头运动可以创造出引人注目的效果，吸引观众的注意力，并使观众聚焦于被推近的主体。推镜头常用于强调特定的细节、揭示情节发展或切换场景。下面是一个美食制作视频的推镜头示例。

图 3-31　推镜头示例

镜头描述：镜头开始从整体的餐桌布景上，慢慢向前推进，逐渐接近主厨手中的切菜动作。

效果：通过推镜头的方式，观众的视线被吸引至主厨手中的切菜动作上，强调了美食制作的细节和技巧，营造出紧凑、动感的氛围。

推镜头的应用可以根据具体情境和需求进行调整。推镜头适用于各种类型的短视频，包括旅行、美妆、搞笑、教育等。在拍摄过程中，合理运用推镜头可以提升视频的视觉吸引力和叙事效果，让观众更加专注和投入。

二、拉镜头

拉镜头是一种常见的镜头运用技巧，与推镜头相反，它通过向后拉动相机来逐渐远离被拍摄对象或场景，从而扩大视野（图 3-32）。拉镜头可以用来展示广阔的景观、切换场景或凸显远离主体的环境。下面是一个户外自然风光的拉镜头示例。

图 3-32 拉镜头示例

镜头描述：镜头开始聚焦在一个小花朵上，然后慢慢向后拉动，逐渐展现周围的花海和山脉。

效果：通过拉镜头的方式，观众的视野从一个小花朵扩大到整个花海和山脉，呈现出壮丽的自然风光，给人一种宽广和震撼的感觉。

拉镜头的运用可以使观众感受到广阔的空间和距离感。拉镜头适用于展示风景、环境转换和情节切换等，可以增强视频的视觉冲击力，营造出视觉上的层次感和宏大感，从而提升观众的观赏体验。

三、摇镜头

摇镜头是一种镜头运用技巧，通过手持相机或使用特定的设备（图 3-33），在水平或垂直方向上进行抖动或晃动，以创造一种动态、有趣或戏剧化的效果。摇镜头可以用来表达紧张、动感等情绪，增加视频的视觉吸引力和冲击力。下面是拍摄一个悬疑短片的摇镜头示例。

图 3-33　摇镜头示例

镜头描述：在一个紧张的追逐场景中，相机随着主角的奔跑进行水平摇晃，营造出紧迫感和紧张氛围。

效果：通过摇镜头的方式，观众能够感受到主角的紧张情绪和快速奔跑的节奏，增强紧张追逐的戏剧效果。

摇镜头的运用可以给观众带来一种动感和冲击感，使观众更加投入地观看视频。摇镜头适用于表达紧张、激烈或戏剧化的场景，能够增加视频的紧迫感和视觉张力。需要注意的是，摇镜头的使用要适度，避免过度晃动导致观影体验不佳或引起观众不适。

四、甩镜头

甩镜头是一种镜头运用技巧，通过快速的镜头移动和切换，营造出快速、剧烈或令人眩晕的效果（图 3-34）。甩镜头通常在特定情境下使用，如追逐场景、动作场景或幻想场景，以增强动感和视觉冲击力。下面是一个甩镜头的示例。

图 3-34　甩镜头示例

镜头描述：在一个滑滑板的场景中，相机快速甩动，切换不同角度和距离，以捕捉滑板运动员的动作和速度。

效果：通过甩镜头的方式，观众能够感受到滑板运动的刺激和速度感，增加观影的冲击力和视觉体验。

甩镜头可以带给观众快速、剧烈的视觉变化，营造出动感和冲击感。它适用于表达快速运动、紧张追逐或激烈动作的场景，能够增加视频的紧凑感和张力。同摇镜头一样，甩镜头的使用也要谨慎，避免过度快速的切换导致观影体验不佳或引发观众的不适感。适度运用甩镜头可以为短视频带来活力和视觉冲击力。

五、跟镜头

跟镜头是一种镜头运用技巧，通过相机的移动和追随目标物体的运动，保持目标物体在画面中的位置稳定，营造出一种跟随观察的效果（图 3-35）。跟镜头常用于记录运动场景、人物行走或移动的过程，以及跟随特定物体或主题进行拍摄。下面是一个跟镜头的示例。

图 3-35　跟镜头示例

镜头描述：相机跟随一位旅行者，记录他在街头漫步的过程，相机随着旅行者的移动，保持他在画面中的位置稳定，捕捉他与周围环境的互动和景观的变化。

效果：通过跟镜头的方式，观众能够像身临其境一样跟随旅行者的脚步，感受他的探索和发现。跟镜头能增强观影的代入感和参与感。

跟镜头的运用可以使观众与目标物体保持联系，产生一种亲密感和参与感。它可以帮助观众更好地理解目标物体的动作和环境，同时提供一种沉浸式的观影体验。跟镜头适用于需要追踪特定物体或人物运动的场景，可以带给观众一种紧密跟随的感觉，增加视频的连贯性和流畅度。

第九节　短视频拍摄角度

短视频拍摄角度是指拍摄者选择的相机位置和角度，用于展现被拍摄对象或场景的特定视角。不同的拍摄角度可以带给观众不同的观感和情感体验，影响视频的表现力和传达效果。

在短视频拍摄中，合理运用不同的镜头角度可以丰富画面，增强观影效果。下面是几种常见的短视频拍摄角度。

一、俯视角

俯视角就是相机从上方向下拍摄（图 3-36），使被拍摄对象或场景显得较小，从而突出环境或场景的广阔感，营造一种宏大或威严的氛围。俯视角可以用来强调被拍摄对象的无助感或创造一种鸟瞰效果。

图 3-36 俯视角示例

二、仰视角

仰视角就是相机从较低的位置向上拍摄（图 3-37），能使被拍摄对象或场景显得高大、威严或神秘，常用于突出人物的力量或建筑物的壮丽。

图 3-37 仰视角示例

三、平视角

平视角就是相机与被拍摄对象或场景处于同一水平线上（图 3-38），呈现出较为正常的观察角度，直接展示事物的真实状态，常用于日常记录或情景描写。

图 3-38 平视角示例

四、斜角度

如图 3-39 所示，相机倾斜拍摄，营造一种不平衡的感觉，常用于表现紧张、悬疑或不稳定的情节，给人以不同寻常的观感。

图 3-39 斜角度示例

第十节 短视频光线的运用

在短视频拍摄中，顺光和逆光是常用的光线角度，它们对视频的呈现效果和视觉感受有着不同的影响。

一、顺光

顺光是指光线从后方照射被拍摄对象或场景，与镜头处于相同的方向（图 3-40）。顺光可以带来明亮、清晰、细节丰富的画面效果。

图 3-40 顺光示例

光线从背后照射被拍摄对象，可以凸显物体轮廓和形状，使其更加饱满。顺光也能够有效减少阴影和背景噪点，让画面更加清晰和生动。顺光适用于拍摄需要展现细节和真实感的场景，如人物肖像、产品展示等。例如，在户外拍摄一段美食制作视频时，将阳光作为顺光源，照射在食材上，可以使食物的颜色更加鲜艳，细节更加清晰，同时还能营造出阳光明媚的氛围。

二、逆光

逆光是指光线从背后照射被拍摄对象或场景（图 3-41），其方向与镜头相反。逆光会在画面中形成明亮的背景，使被拍摄对象或场景呈现出明暗对比强烈的效果。逆光可以创造出神秘、戏剧性的氛围，同时也能够营造出一种柔和、梦幻的感觉。逆光拍摄需要注意被拍摄对象的曝光情况，可以使用反光板、闪光灯等补光手段，以保证被拍摄对象清晰可见。在拍摄一段浪漫情景的短视频时，可以把夕阳作为逆光源，照射在情侣身后，营造出温馨浪漫的氛围。逆光下，情侣的轮廓会被背景的明亮色彩所包围，呈现出柔和的效果。

图 3-41　逆光示例

除了顺光和逆光，还有其他光线角度可以在短视频拍摄中使用，每种角度都能带来不同的效果和情感表达。

三、侧光

侧光是指光线从被拍摄对象或场景的一侧照射（图 3-42），营造出明暗分明的效果。侧光能够突出物体的纹理和形状，创造出强烈的阴影和对比。这种角度常用于突出物体的轮廓和表现细节，适用于拍摄艺术品、风景等需要强调形状和质感的场景。

图 3-42　侧光示例

四、上光

上光是指光线从上方照射被拍摄对象或场景（图 3-43），营造出明亮的效果。上光可以使被拍摄对象看起来更加明亮、清晰，同时也能够营造出一种高雅、神秘的氛围。这种角度适用于拍摄人物肖像、时尚产品等需要突出亮度和光感的场景。

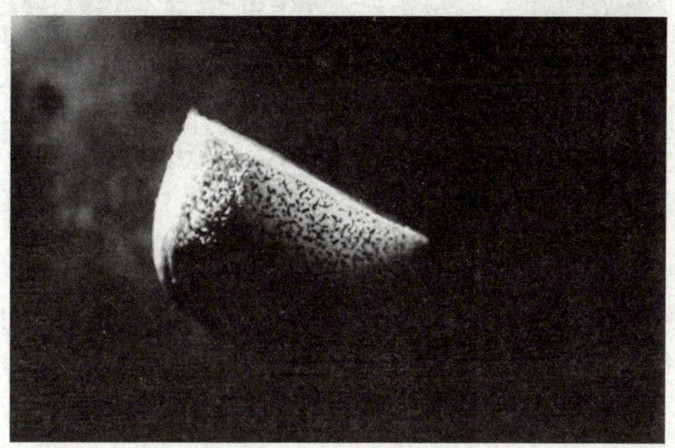

图 3-43　上光示例

五、底光

底光是指光线从下方照射被拍摄对象或场景（图 3-44），营造出一种神秘、暗淡的效果。底光常用于创造悬疑、恐怖或戏剧性的氛围，可以使人物或物体的面部或轮廓在阴影中浮现，增加戏剧效果。

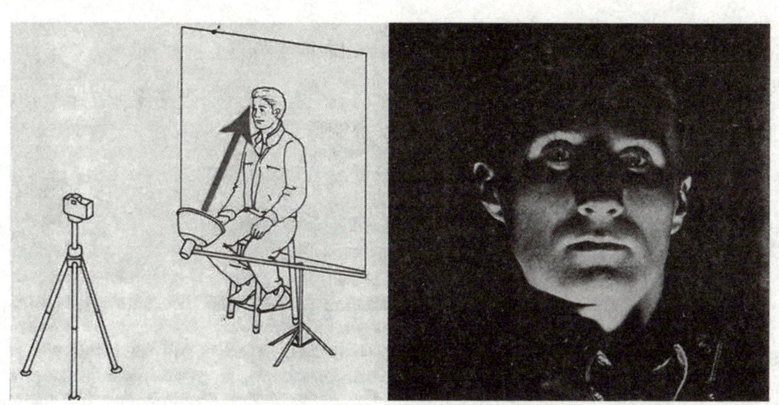

图 3-44　底光示例

六、散射光

散射光是指光线通过散射物体后呈现出柔和、均匀的效果（图 3-45）。散射光可以营造出温暖、柔和的氛围，适用于拍摄情感、风景等需要传达柔和氛围的场景。

图 3-45　散射光示例

适当运用不同的光线角度可以增加短视频的视觉吸引力和情感表达效果。在选择光线角度时，考虑场景的要求、情感的表达以及被拍摄对象的特点，灵活运用光线角度，可以让画面更加生动、有趣和富有创意。

第十一节　短视频景别的运用

景别在短视频中扮演着重要角色，选择适当的景别可以获得多重效果。

第一，景别能够营造特定的氛围和情绪，使观众能够更好地感受到品牌或产品所传递的价值观和特点。不同的景别可以创造出放松、浪漫、刺激或奇幻等不同的氛围，帮助品牌塑造独特的形象。

第二，景别对于视觉吸引力至关重要。选择具有美丽风景、独特场景或富有创意的背景能够吸引观众的注意力，并使短视频更加生动有趣。这些视觉上吸引人的景别能够让品牌或产品脱颖而出，增加观众的记忆点。

第三，景别还能够为短视频的故事提供重要的背景支撑。选择与故事情节相关的景别可以更好地衬托主角或产品的形象，加强故事的逻辑性和连贯性。合适的景别选择，可以将观众带入故事的情境中，增强观看体验。

第四，景别也具有与品牌形象或产品特点相关联的作用。选择与品牌或产品相关的景别，可以提高品牌的认知度。这种关联性能够在观众心中建立品牌形象，并加深对品牌的认知。

第五，景别也是展示地域性和文化特色的重要途径。通过选择特定地域的风土人情、传统建筑或独特风格的景点，品牌或产品可以展示其地域性和与当地文化的关联，进一步增加观众的认同感。

一、近景

近景在短视频营销中扮演着重要角色，它能够为观众带来更加直接、亲密的观看体验，并有效地传递品牌或产品的细节和特点，可以把主体放置在画面的中央或偏左/偏右的位置，并在画框中占据约 2/3 的空间（图 3-46）。

图 3-46 近景示例

下面介绍近景在短视频营销中的作用和意义。

（一）强调细节和特点

近距离的拍摄，能够将品牌或产品的细节清晰地展示给观众。近景可以突出产品的特点、质感、工艺或设计等，使观众更好地了解产品。例如，拍摄一个手工艺品店的短视频，可以通过近景展示手工艺品的细腻纹理、精细雕刻以及独特的色彩，并展示产品的精美之处以吸引观众的注意力。

（二）增加亲近感和情感共鸣

近景能够拉近观众与品牌或产品之间的距离，使观众产生亲密的观看体验。观众能够更直接地感受到品牌的情感、故事或产品的实际效果，从而产生情感共鸣。例如，拍摄一个美妆品牌的短视频，可以使用近景展示模特的肌肤状态和妆容效果，让观众近距离感受产品的实际使用效果，提升对产品的信任感和购买欲望。

（三）营造紧张或悬疑感

近景能够在短视频营创造紧张、悬疑或引人入胜的氛围。近距离的拍摄，能突出关键元素或情节，提升观众的紧张感和好奇心，使短视频更加引人注目。例如，拍摄一部悬疑剧的预告片，可以通过近景展示一些关键线索或神秘物品的特写，引发观众的好奇心，激发他们对故事情节发展的兴趣。

（四）增强沉浸感和参与度

近景能够为观众营造一种身临其境的感觉，增强他们的沉浸感和参与度。观众能够更加真实地感受到品牌或产品所传递的信息，从而更加深入地参与其中。例如，拍摄一个户外运动品牌的短视频，通过近景展示运动者的脚步、手部动作和呼吸等细节，让观众身临其境地感受户外运动的乐趣。

通过运用近景，短视频能够有效地传递品牌或产品的细节、特点、情感以及与观众的亲近感。近景的运用使短视频更加生动、引人入胜，并能激发观众的情感共鸣和参与度，进而提升品牌的影响力和推广效果。

二、中景

中景在短视频营销中具有重要作用，它可以提供更广阔的画面范围和更全面的场景展示，为观众呈现更多的环境和背景信息，常见的主体占比为1/2或稍微偏大一些（图3-37）。

图 3-47　中景示例

下面介绍中景在短视频营销中的作用和意义。

（一）展示环境和场景

中景适用于展示品牌或产品所处的环境。通过中景的运用，观众能够更好地了解品牌的背景、产品的使用场景以及所处的社会环境，增加观众对品牌或产品的认知和理解。例如，拍摄一个旅行产品的短视频，可以使用中景展示旅行目的地的特色美景、人文风情和风俗文化，激发观众的兴趣和对旅行产品的向往。

（二）营造情感氛围

中景通过呈现周围环境和背景来营造情感氛围。中景的运用，可以营造欢乐、浪漫、温馨或神秘等不同的情感氛围，引发观众的情绪共鸣和好奇心。例如，拍摄一个餐饮品牌的短视频，可以使用中景展示餐厅的装饰、就餐环境和顾客愉悦的表情，营造出温馨舒适的就餐氛围，激发观众的食欲和兴趣。

中景适用于叙事性较强的短视频，可以通过展示更多的场景和角色互动，为观众呈现完整的故事情节，增加短视频的叙事效果和吸引力。例如，拍摄一个品牌推广视频，可以使用中景展示主人公的日常生活场景、人物关系和情节发展，使观众更加理解品牌故事的内涵，增强品牌故事的传播效果。

中景的运用可以提供更多的背景信息，营造情感氛围，丰富短视频的内容，提升观众的视觉体验和品牌传达的效果。

三、远景

远景在短视频营销中具有重要作用，可以提供更广阔的画面范围和更全面的场景展示，为观众呈现更多环境和背景信息。远景通常把主体放置在画面下方，并在画框中占据约1/4的空间（图3-48）。

图3-48 远景示例

远景在短视频营销中的作用和意义不容忽视。远景能够展现更加宏大的画面和广阔的场景，为观众呈现完整的视觉效果。在远景中，主体在画面中占据较小的空间，更多地强调背景和环境。

远景在短视频营销中的作用和意义有以下几方面：

（一）远景适用于展示品牌的宏大愿景和核心价值

通过远景的运用，品牌可以传递出自己的长远规划和未来蓝图，展示理念和追求，从而增加观众对品牌的认同感和忠诚度。例如在一个科技品牌的短视频中，使用远景展示科技园区的美景、先进的生产线和研发团队的工作场景，向观众传递出品牌的创新能力和科技实力，增强观众对品牌的信任和好感。

（二）远景能够通过呈现整体环境和空间关系来营造氛围

通过远景的运用，可以创造出宏大、壮丽、神秘等不同的氛围，引发观众的想象力和探索欲望。例如，对一支旅游目的地的短视频中，使用远景展示壮观的自然景观、独特的建筑群和民俗活动，以吸引观众的眼球，激发他们对旅游目的地的兴趣和好奇心。

（三）远景适用于传达品牌的核心理念和价值观

通过远景的运用，品牌可以传递出自己的使命和追求，表达对人类和社会发展的关注和思考，增强品牌的社会责任感和公众形象。举例：一支公益组织的短视频中，使用远景展示受助地区的整体情况、项目进展和改善效果，让观众感受到公益组织的努力和贡献，提升品牌的社会影响力和美誉度。

四、全景

全景在短视频营销中扮演重要角色，它能够呈现完整的画面和全景视野，给观众带来身临其境的感觉（图 3-49）。

图 3-49　全景示例

下面介绍全景在短视频营销中的作用和意义。

（一）创造沉浸式体验

全景能够将观众置于视频场景中，让他们感受到身临其境的沉浸式体验。通过全景的运用，观众可以 360 度环视周围的环境，感受到真实的空间，从而更深入地融入视频内容中。例如，拍摄一个旅游目的地的短视频，使用全景拍摄方式展示风景区的全貌，观众可以通过拖动或转动屏幕，自由探索景区的各个角落，仿佛身临其境，有利于增强观看的互动性。

（二）强调环境和氛围

全景能够展示整个场景的环境和氛围，为观众传达更多信息。通过全景的视角，观众可以更全面地了解品牌或产品所处的环境、气氛和特点，从而加深对其认知和理解。例如，拍摄一个餐饮品牌的短视频，可以使用全景拍摄方式展示餐厅的整体布局、装饰风格和就餐氛围，带领观众感受餐厅的舒适、格调和用餐体验，增强品牌形象的塑造。

全景能够激发观众的参与感和互动性，观众可以通过拖动或转动屏幕，选择自己感兴趣的视角和细节，与视频内容进行互动，增加观看的乐趣和参与度。例如，拍摄一个体育品牌的短视频，可以使用全景拍摄方式展示体育场馆的全景图，让观众自由选择不同位置的观赛角度，感受现场观赛的刺激和激情，增强观看的参与感和互动性。

总之，全景的运用能够创造沉浸式体验，强调环境和氛围，提升观众的观看体验和对品牌的认知度。通过利用全景的视角，短视频能够更好地与观众产生连接和共鸣，传达更丰富的信息和情感。

五、特写

特写在短视频中起着重要作用，它能够突出细节，表达情感，吸引观众的注意力，并使观众更加聚焦于被拍摄对象的特定部分。特写用于强调主体的细节和表情，常见的占比为 3/4 或更大（图 3-50）。

图 3-50 特写示例

下面介绍特写在短视频中的作用和意义。

（一）强调细节和特点

特写可以将被拍摄对象的细节展示得更清晰、更生动。通过放大细节，特写能够突出产品的独特之处，激发观众的好奇心和购买欲望。例如，拍摄一个美妆品牌的短视频，使用特写展示产品的纹理、颜色和使用效果，能让观众更直观地感受产品的质量和效果，从而增强品牌的吸引力。

（二）表达情感和故事

特写可以通过近距离的拍摄，捕捉到人物的微表情，如眼神的变化，从而有效地传递情感。它可以拉近观众与人物之间的距离，让观众更深入地感受到人物的情感和内心世界。例如，拍摄一个公益短视频，可以用特写镜头展示受助者的微笑、眼神和感激之情，让观众更加真切地感受到公益事业的意义和影响力，激发共情。

（三）吸引观众注意力

特写的近距离拍摄能够吸引观众的注意力，让观众更加专注于被拍摄对象。它能够在短时间内引起观众的兴趣，并使观众更加投入地观看视频。例如，在一个食品品牌的短视频拍摄中，使用特写镜头展示美食的细节和制作过程，能让观众感受到美食的诱人和精致，引起观众的食欲和兴趣。特写的运用能够强调细节和特点，表达情感，吸引观众的注意力，从而增强短视频的吸引力和影响力。通过合理运用特写，短视频能够更好地传递信息、引起共鸣，并促使观众产生更深的记忆和情感连接。

第十二节　短视频的运动拍摄、卡点与延迟拍摄技巧

短视频中的运动、卡点与延迟拍摄技巧可以增加视频的视觉效果和吸引力。

一、运动拍摄

如图 3-51 所示，运动拍摄能够呈现出动感和活力。运动拍摄可以是拍摄人物在移动中的镜头，也可以是通过移动相机来捕捉周围环境的运动。运动拍摄可以使用手持或稳定设备，如云台或稳定器，以确保画面稳定和流畅。

图 3-51　运动拍摄作品

运动拍摄的技巧和方法。

1. 运动跟拍

运动跟拍是指跟随被拍摄对象的运动轨迹进行拍摄，使观众能够感受到运动的速度和动态。这种技巧常用于拍摄体育运动、舞蹈表演、极限运动等场景。使用稳定器或运动相机等设备可以帮助摄影师更好地跟随运动对象，并保持画面稳定。

2. 运动追逐

运动追逐是指摄影师在运动过程中与被拍摄对象保持一定距离，通过改变视角和拍摄角度来捕捉不同的运动细节。这种技巧常用于拍摄跑步、骑行、滑板等运动场景，可以展示出被拍摄对象的动态和速度感。

3. 慢动作拍摄

慢动作拍摄是通过增加帧率或后期处理，将运动场景的动作放慢，以展现细节和运动的美感。这种技巧可以用于突出某些动作的流畅性和力量感，使观众更好地欣赏运动过程中的细微变化和身体表现。

4. 高速摄影

高速摄影是指使用高帧率的摄影设备来捕捉运动瞬间的细节，如水滴的落下、球的弹跳等。这种技巧可以展示肉眼无法察觉的快速运动和物体形态的变化，给观众带来独特的视觉体验。

5. 运动镜头转场

在剪辑过程中，可以使用运动镜头作为转场效果，增加视频的连贯性和流畅感。例如，通过两个运动场景之间的快速运动镜头转场，可以将两个场景紧密地连接起来，使观众在观看过程中感受到运动的延续和衔接。

二、卡点

在短视频中，可以利用音乐的节奏来增加运动感。通过与音乐的节奏和节拍相匹配的拍摄和剪辑方式，增强视频的动感和流畅性。例如，在音乐的高潮部分使用快速剪辑和运动镜头，或在音乐节奏明快时增加快速动作镜头。

（一）短视频卡点拍摄技巧

在短视频制作中，利用音乐节奏来加入“卡点”是一种常用的技巧，它可以增强视频的节奏感和视觉冲击力。卡点是指在视频中有意识地选择一些关键时刻或画面，与音乐的节奏相呼应，使画面在特定的时间点出现快速的节奏变化、剪辑切换或动作表现，从而实现突出重点、吸引观众注意力的效果（图 3-52）。

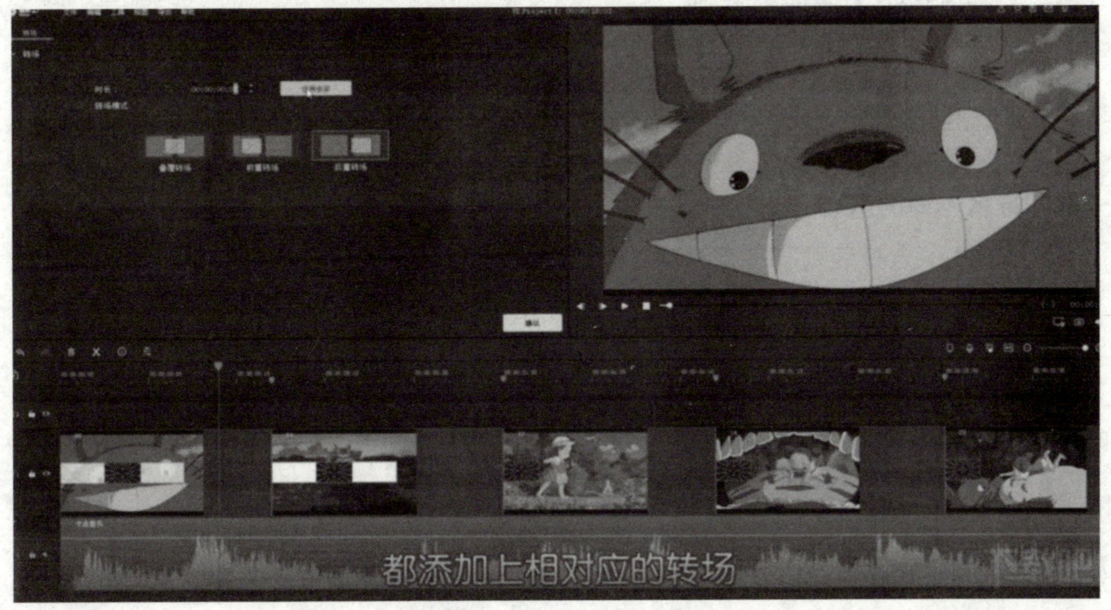

图 3-52　短视频卡点示例

下面一些卡点的技巧的方法。

1. 音乐选择

选择适合的节奏感强烈、有鲜明节拍的音乐作为背景音乐。合适的音乐可以为视频营造明确的节奏和情绪氛围。

2. 剪辑切换

在音乐的高潮部分或节奏强烈的地方，可以采用快速的剪辑切换，如快速切换镜头、画面的迅速变化等。这种快速的剪辑切换可以增加视频的紧凑感和节奏感。

3. 动作表现

利用音乐的节奏和旋律，配合拍摄对象的动作表现。例如，可以让演员或主体在音乐高潮时进行快速动作、跳跃、旋转等，与音乐形成有力的呼应。

4. 视觉效果

在关键时刻添加视觉效果，如快速闪光等特殊的过渡效果或动画效果，可以展现出令人眼前一亮的视觉冲击力。

5. 文字和字幕

在音乐高潮或节奏强烈的部分，添加文字或字幕，可以突出关键信息或表达情感，提升观众对视频的注意力。

卡点技巧的运用需要对音乐的节奏感有敏锐的把握，同时要注意与视频内容的呼应和和谐。合理运用卡点技巧可以使短视频更具吸引力、节奏感和表现力，给观众带来更好的观赏体验。

（二）短视频卡点换装技巧

“卡点换装”是一种常见的技巧，它通过快速的剪辑切换和变换服装，让同一个人在不同的服装下出现在不同场景或时间中，创造出视觉上的变化。

下面介绍一些关于卡点换装的技巧。

1. 准备不同的服装

为了实现卡点换装效果，需要准备多套不同的服装，包括上衣、裤子、鞋子、配饰等。确保每套服装在颜色、风格和设计上都有明显区别。

2. 音乐节奏的把握

选择一段适合的背景音乐，并结合音乐的节奏和旋律来决定换装的时机。通常在音乐的高潮部分或节奏明显的地方进行换装，以增加视觉上的冲击力和节奏感。

3. 快速剪辑和过渡

在换装过程中，使用快速的剪辑和流畅的过渡效果，使服装的切换看起来平滑而自然。可以尝试使用快速切换的剪辑效果，如跳切、闪光或快速的过渡等效果，让观众感受到明显的变化。

4. 场景转换

在换装过程中，可以选择在不同的场景中进行拍摄，以增加视觉上的变化。例如，可以在不同的室内外场景，以及背景色彩明暗对比明显的地方进行拍摄，以突出服装的变化和视觉冲击力。

5. 视觉效果和动作表现

除了换装本身，可以考虑使用一些视觉效果和动作表现来增强卡点换装的效果。例如，可以在换装的瞬间添加一些视觉特效、魔术道具或动作表演，让观众感受到更大的惊喜和变化。

三、延迟拍摄

（一）延迟拍摄简介

延迟拍摄是指以较慢的速度拍摄，然后以正常的播放速度进行播放，从而产生时间流逝的效果。这种技术可以捕捉到平时无法察觉的细微变化，如云彩流动、花朵开放、日落等。延迟拍摄通常需要使用专业的摄影设备或延时摄影器材。延迟拍摄技巧是短视频制作中常用的特效手法，通过捕捉和放慢快速运动的细节，营造出独特的视觉效果。

（二）延迟拍摄的方法

1. 快门优先模式

如图 3-53 所示，在摄影机上选择快门优先模式，可以控制快门速度来实现延迟拍摄效果。通过使用较慢的快门速度，可以捕捉到快速运动中的模糊效果，营造出动感和流动感。这种技巧常用于拍摄奔跑、跳跃等动态场景，使画面更具戏剧性和冲击力。

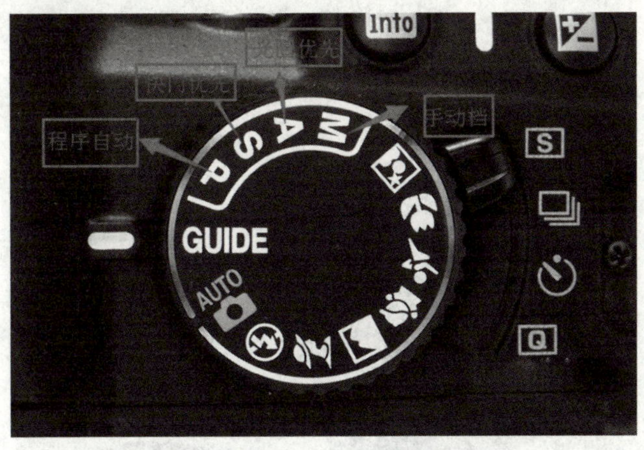

图 3-53　快门示例

2. 后期处理

如图 3-54 所示，在后期制作中，可以通过视频编辑软件对视频进行延迟处理，使画面放慢播放。减少帧率或改变播放速度，可以营造出延迟拍摄的效果。这种技巧常用于制作慢动作镜头，使观众更好地欣赏到细节和运动的变化。

图 3-54　利用 Premiere 后期处理示例

3. 延迟器材

一些特殊的摄影器材可以实现延迟拍摄的效果，如延迟摄影器和延迟摄影机（图 3-55）。这些器材可以通过自动触发或设定延时时间来实现延迟拍摄，捕捉到独特的运动效果。

图 3-55　延时云台示例

延迟拍摄技巧需要摄影师具备对时间和运动的敏感度，同时需要合理选择和运用相关的摄影器材和后期处理工具。巧妙地运用延迟拍摄技巧，可以为短视频提升视觉冲击力和创意，使观众更好地体验和感受运动的魅力。

（三）延迟拍摄间隔参数

1. 延迟拍摄间隔

延迟拍摄间隔是一种很有趣且有效的拍摄技巧，可以捕捉到物体运动的变化和流动，为视频增添动感和视觉冲击力。根据不同物体运动的快慢，延迟拍摄间隔的参考如表3-1所示。

表 3-1　不同主题的延迟拍摄间隔

主题	描述	延迟拍摄间隔
人流	通过捕捉人们的行走和活动，形成流动的画面效果，拍摄出人群的运动和节奏感	1~2 秒
夜景车流	捕捉夜晚时车辆的灯光轨迹，展现出车流的闪烁动感	3~5 秒
太阳光下移动的影子	捕捉在太阳光下物体的影子随着时间的变化而飘移，增强画面的视觉效果	10~20 秒
植物生长状态	通过长时间的拍摄，显著地展现植物的生长过程，记录植物从一个阶段到另一个阶段的奇妙变化	5~40 分钟
慢速的云	捕捉云朵在天空中的飘移和变化，展现云朵的流动感和美丽形态	5~10 秒

需要注意的是，以上延迟拍摄间隔仅供参考，实际拍摄时应根据具体场景和效果需要进行灵活调整。延迟拍摄可以使用相应的摄影设备或手机应用，确保画面稳定和拍摄效果。巧妙地运用延迟拍摄技巧，能呈现出独特的时间流逝和物体运动效果。

2. 延迟拍摄计算方法

设定拍摄间隔 2 秒 1 张，拍摄张数 300 张，1 帧 = 25 秒，则：

成片时长：300/25 = 12 秒；

拍摄间隔时间：300×2 秒 = 600 秒 = 10 分钟。

（四）延迟拍摄与视频快进的区别

延迟拍摄和视频快进是两种不同的拍摄和处理技术，它们在内存占用（图 3-56）的效果和应用（图 3-57）方面有着明显区别。

1. 区别一：内存占用

延迟拍摄是指通过较长的拍摄间隔，将一系列独立的图片或视频帧录制下来，然后在后期剪辑中以较快的速度播放，形成延时的效果。由于延迟拍摄是一系列单独的图片或视频帧，因此相比于普通视频录制，它占用的内存较少，节省了相机的储存空间。

视频快进是将一段较长时间的视频素材通过加快播放速度，使其在较短的时间内播放完整段视频的过程。在视频快进中，整个视频内容是连续的，只是播放速度较快。这种方

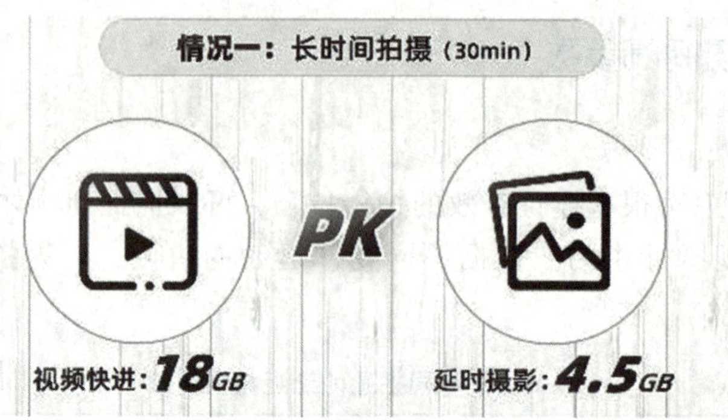

图 3-56　视频快进对比延时拍摄

式虽然时间缩短了，但实际上并没有节省相机的储存空间，因为仍须录制完整的视频。

2. 区别二：特殊效果和应用

（1）延迟拍摄

延迟拍摄可以实现一些特殊效果，如车流拉丝、星空延时、日出日落变化等。通过较长的拍摄间隔，可以捕捉到物体或自然景观的慢动作变化，形成令人震撼的影像效果。这种技术在旅行 Vlog、风光摄影和创意视频中应用广泛。

图 3-57　视频快进和对比延时在特殊效果上的区别

（2）视频快进

视频快进一般用于缩短某些过程的时间，例如快速展示一个事件的发展过程，快速呈现美食制作、时间流逝等。它在节奏紧凑、信息密集的 Vlog 中能够加快节奏，提升观看体验。

总的来说，延迟拍摄和视频快进是两种不同的拍摄和处理技术，分别适用于创造特殊效果和加快节奏。延迟拍摄通过较长的拍摄间隔形成延时效果，能节省相机储存空间，并可以实现车流拉丝、星空延时等特殊效果；视频快进则是通过加快播放速度来缩短视频时间，适用于快速展示过程和节奏紧凑的 Vlog。

第十三节　短视频拍摄的曝光三要素

短视频拍摄的曝光三要素是快门、光圈和 ISO，如 3-58 所示，它们是影响照片或视频亮度和曝光程度的关键参数。合理地调整它们可以获得满意的拍摄效果。

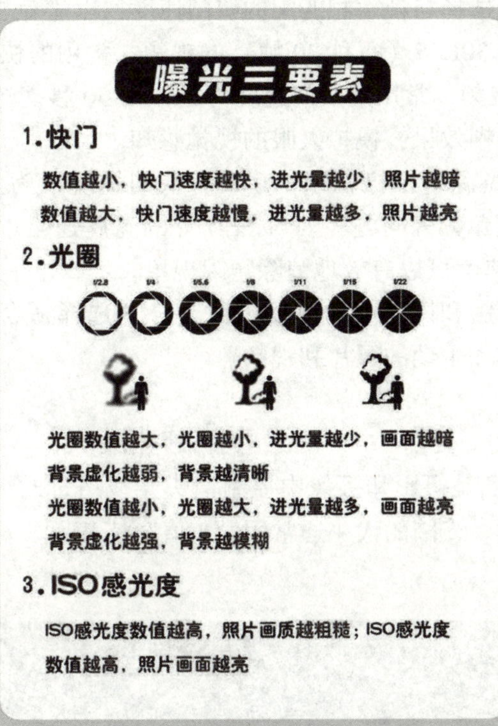

图 3-58　曝光三要素

一、快门

如图 3-59 所示，快门是摄影和摄像中控制曝光时间的重要参数，它决定了感光元件（如传感器或胶片）前幕帘的开关速度。快门速度通常用秒或分数来表示，如 1/160 秒、1/50 秒、1/25 秒等，数字越大表示快门速度越慢，感光元件暴露在光线下的时间越长；数字越小表示快门速度越快，感光元件暴露时间越短。

图 3-59　快门速度与曝光时间

（一）快门影响一：亮暗

快门速度直接影响照片或视频的亮度。较快的快门速度会限制感光元件暴露的时间，使得照片或视频显得较暗；而较慢的快门速度会增加感光元件暴露的时间，使照片或视频显得较亮。

（二）快门影响二：动态模糊

除了影响亮暗，快门速度还决定着拍摄中的动态模糊效果。较快的快门速度（如1/1000秒）适用于捕捉快速运动的物体，拍摄出清晰的静态图像；而较慢的快门速度（如1/25 秒）适用于拍摄移动的物体，会产生动态模糊的效果，如拍摄快速移动的人物。

在拍摄视频时，通常选择与帧率相匹配的快门速度，以避免视频中出现画面撕裂或不稳定的情况。例如，对于 30FPS（每秒 30 帧）的视频，常用的快门速度为 1/60 秒；对于 24FPS（每秒 24 帧）的视频，常用的快门速度为近似 1/50 秒。这样可以在保持画面稳定的同时，适当增加动态模糊效果，模拟人眼的视觉感知。

另外，如果在 LED 光源下拍摄视频，建议将快门速度设为 50 的倍数（如 1/50 秒、1/100秒等），这样可以避免频闪问题，因为 LED 灯的亮度通常以 50Hz 或 60Hz 的频率变化，使用 50 的倍数快门速度可以有效地消除频闪现象。

总之，快门速度是摄影和摄像中的重要参数，合理选择适合场景和目的地的快门速度，可以拍摄出更加清晰和生动的照片和视频。

二、光圈

如图 3-60 所示，光圈是摄影和摄像中控制镜头光线透过的大小的参数，它影响着图像的亮暗程度和景深效果。光圈的大小通常用“F 值”来表示，数字越大，光圈越小；数字越小，光圈越大。

图 3-60　光圈

（一）光圈影响一：亮暗

光圈的大小直接影响了照片或视频的亮暗程度。较大的光圈（如 F1.8）能够让更多的光线进入镜头，使图像更亮；而较小的光圈（如 F12）只允许少量光线通过，因此图像会显得较暗。

（二）光圈影响二：景深

光圈的大小还影响着照片或视频的景深效果，即背景虚化程度。较大的光圈（如 F2.8）被称为“大光圈”，能够使背景模糊，突出主体人物，营造出焦点明确、画面有层次感的效果；而较小的光圈（如 F4.0）被称为“小光圈”，使得整个画面都能保持清晰，背景细节也能展现出来。

手机硬件条件有限，一般无法改变光圈的大小，因此，光圈的大小通常是固定的。但是，现代手机摄像头在软件上会模拟较大光圈的效果，通过在后期处理中加入虚化效果来营造背景模糊的感觉。这种虚化效果称为“人工景深”或“虚化模式”，可以在拍摄前或拍摄后选择开启，以达到一定程度上的背景虚化效果。

总的来说，光圈是摄影和摄像中非常重要的参数，合理选择适合场景的光圈大小，可以拍摄出明亮、清晰或者虚化背景的效果，从而创造出不同的视觉效果和表现手法。

三、ISO

如图 3-61 所示，ISO 是相机感光元件的敏感度参数，决定了相机对光线的感知程度。ISO 值越高，感光元件对光线越敏感。因此在低光条件下，使用较高的 ISO 可以拍摄出较亮的画面；而在光线充足的情况下，选择较低的 ISO 可以拍摄出较暗的画面。

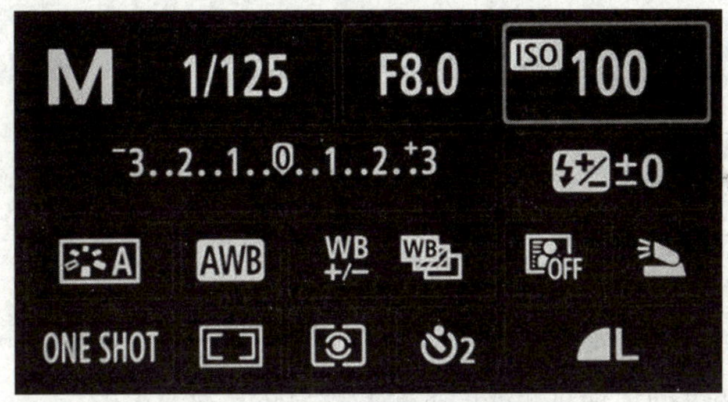

图 3-61 ISO 相机感光参数

（一）ISO 影响一：亮暗

ISO 值的高低直接影响画面的明暗程度。较低的 ISO（如 ISO200）使得感光元件对光线的感知程度较低，画面相对较暗；而较高的 ISO（如 ISO1400）会使感光元件对光线更敏感，画面相对较亮。因此，在拍摄过程中，根据光线条件合理选择 ISO 值，能保证画面的正常曝光。

（二）ISO 影响二：噪点

另一个重要的方面是 ISO 值对噪点的影响。较低的 ISO 值往往会产生较少的噪点，画面细节较为清晰；而较高的 ISO 值会增加噪点，画面可能会显得比较粗糙和模糊。因此，为了获得画面质量更好的图像，应尽量使用较低的 ISO 值，特别是在光线条件允许的情况下。

在实际拍摄中，要根据光线条件和拍摄需求选择适当的 ISO 值。通常情况下，优先保持 ISO 值较低，以获得更好的画面质量和较少的噪点。如果光线较暗，需要增加画面亮度，则可以适度提高 ISO 值，但要注意不要过度增加，以免导致噪点过多和画面失真。后期调色时，低 ISO 值拍摄的画面更容易调整和补救，而高 ISO 值拍摄的画面由于噪点问题，调整余地会较小。

ISO 是相机中的一个重要参数，影响画面的明暗和噪点情况。在拍摄时，合理选择 ISO 值，保持画面的正常曝光和噪点控制，有助于获得高质量的图像和视频。

四、总结

在短视频拍摄时，合理调整这三个要素可以获得所需的画面效果。快门影响画面的动态表现，一般固定在 1/50（除非要拍摄特殊画面）。光圈影响画面的焦点和背景虚化效果，背景虚化为 F2.8 左右，不用虚化 F5.0 以上。ISO 影响画面的明暗程度，结合环境灯光，避免弱光下的噪点，ISO 一般为 1600 以下即可，画面太暗的话，需要灯光辅助，或者调大光圈。灵活运用这些要素，可以拍摄出清晰、明亮、富有创意的短视频作品。

课后习题

一、判断题

1. 拥有一台智能手机就能够创作出引人入胜的短视频作品。 （ ）
2. 蒙太奇思维在影片剪辑中没有太大的作用。 （ ）
3. 合理构图和镜头运动可以让短视频的视觉体验更加丰富多彩。 （ ）
4. 短视频拍摄角度的选择对作品的情感和观点传达没有影响。 （ ）
5. 曝光三要素包括快门、光圈和 ISO，影响画面的明暗和质感 。 （ ）

二、单选题

1. 在短视频制作中，什么是蒙太奇思维的作用？（ ）

   A. 提升设备的质量　　B. 增加剧情的复杂性

   C. 创造艺术感和节奏感　　D. 加强音效效果

2. 在短视频中，构图设计与短视频运镜的目的是（ ）。

   A. 增加拍摄时间　　B. 降低制作成本

   C. 使作品更具艺术性和丰富感　　D. 提高设备的质量

3. 在短视频制作中，选择合适的光线可以取得什么效果？（ ）

   A. 增加剧情的紧张感　　B. 营造理想的氛围和情感

   C. 增加画面的运动效果　　D. 创造音效的效果

4. 短视频拍摄角度的选择可以（ ）。
A. 只影响画面的明暗　　B. 只影响画面的色彩
C. 没有影响　　D. 传递不同的情感和观点
5. 卡点技巧在短视频中的作用是（ ）。
A. 提高画面的清晰度　　B. 调整画面的亮度
C. 增加画面的趣味性　　D. 增加画面的模糊效果
6. 曝光三要素分别是（ ）。
A. 快门、光圈和 ISO　　B. 对比度、色彩和饱和度
C. 对焦、快门和光圈　　D. 音量、亮度和对比度
7. 在短视频拍摄中，合理调整光圈可以影响（ ）。
A. 快门速度　　B. 画面的明暗和质感
C. 画面的运动效果　　D. 声音的清晰度
8. 在短视频制作中，蒙太奇手法主要用于（ ）。
A. 强调画面的艺术感　　B. 突出画面的真实感
C. 增加画面的连贯性　　D. 增强画面的节奏感
9. 短视频拍摄中，常用的构图方式不包括（ ）。
A. 黄金分割构图　　B. 水平线构图
C. 对角线构图　　D. 圆形构图
10. 在短视频拍摄中，构图设计的作用是（ ）。
A. 调整曝光三要素　　B. 选择合适的镜头
C. 营造理想的光线　　D. 丰富视觉体验

三、多选题

1. 下列哪些设备是短视频拍摄的常用设备？（ ）
A. 相机　　B. 手机
C. 三脚架　　D. 无人机
2. 蒙太奇思维在短视频拍摄中有哪些作用？（ ）
A. 增强视频的叙事效果　　B. 提高观众的注意力
C. 帮助构建画面的节奏感　　D. 丰富视频的视觉效果
3. 构图设计在短视频拍摄中有哪些原则？（ ）
A. 保持画面的平衡　　B. 利用色彩和形状的对比
C. 保持画面的简洁　　D. 利用线条的引导作用
4. 短视频运镜有哪些技巧？（ ）
A. 推镜头　　B. 拉镜头
C. 摇镜头　　D. 移镜头
5. 拍摄角度有哪些选择？（ ）
A. 俯视角度　　B. 平视角度
C. 仰视角度　　D. 斜视角度

四、思考题

1. 在拍摄短视频时，你认为选择合适的拍摄角度有何重要性？举例说明不同的拍摄角度如何影响观众对视频内容的感知和理解。

2. 短视频的拍摄技巧与设备之间是否有密切关联？你认为使用不同的拍摄设备（如智能手机、专业相机）是否会影响你的拍摄风格和效果？为什么？

五、案例分析

一家户外运动用品公司计划制作一则短视频广告，以展示其新款登山背包的耐用性和实用性。作为该公司的营销专家，你受委托负责拍摄和剪辑这则广告。

你将在户外山地环境中进行拍摄，以展示背包在恶劣天气和复杂地形下的表现。广告的目标受众是喜欢户外活动的登山者和徒步者。

请制订一个拍摄计划，并为这则广告的拍摄和后期制作提供详细的案例分析。

1. 请列出至少三个你认为在户外拍摄时需要考虑的挑战，并解释如何克服这些挑战以获得高质量的镜头素材。

2. 在拍摄计划中，你是否考虑特定的拍摄角度和镜头运动？请举例说明如何运用适当的构图和运镜来突出登山背包的特点。

3. 你计划如何运用自然光线来增强广告的视觉效果？是否需要使用额外的照明设备？

4. 请考虑声音的重要性。你打算在拍摄现场录制自然声音，还是会事后添加音效？为什么？

5. 在后期制作中，你计划如何使用剪辑和音效来强调背包的耐用性和实用性？是否考虑添加文字或字幕来传达重要信息？

第四章
短视频剪辑与专业软件基础

学习导图

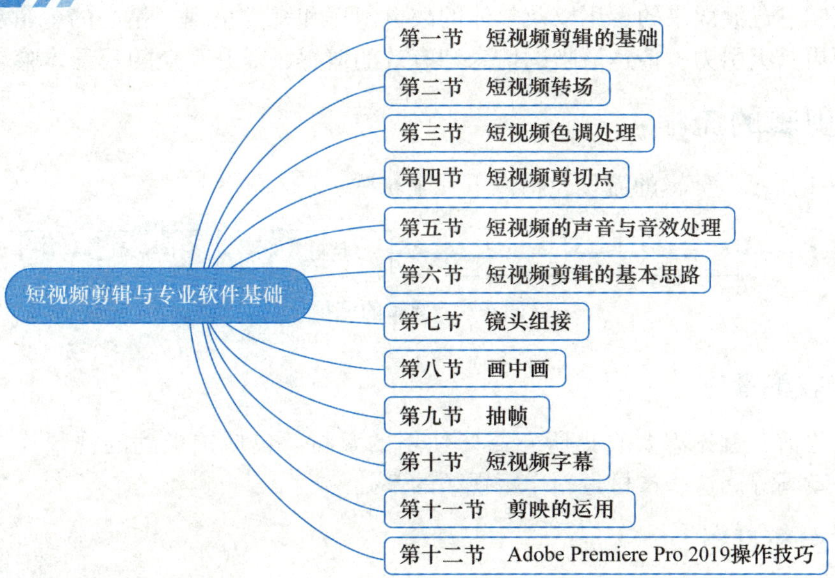

知识目标

1. 了解短视频剪辑的基本流程
2. 了解短视频剪辑的目的
3. 熟悉剪映的工作界面
4. 熟悉 Premiere 的工作界面

能力目标

1. 熟悉短视频剪辑的基础知识、手法与技巧
2. 能够运用剪映的操作技巧
3. 能够运用 Premiere 的操作技巧

思政目标

1. 激发学生的剪辑热情，弘扬工匠精神，践行社会主义核心价值观
2. 培养学生的版权意识、责任意识和法律意识
3. 培养学生遵守短视频从业者的职业道德规范
4. 增强学生的道路自信、理论自信、制度自信和文化自信

第一节　短视频剪辑的基础

一、剪辑介绍

剪辑是短视频制作中至关重要的环节，它能够将拍摄到的素材进行整合和编辑，使其成为一个完整、流畅、具有吸引力的短视频作品。在整个剪辑流程中，需要注意剪辑技巧、节奏控制、过渡效果的运用以及整体的故事叙述和视觉呈现。精心的剪辑和编辑，能够使短视频更具吸引力，传达清晰的信息和有效的情感，提升观众的观看体验。

二、剪辑的流程

如图 4-1 所示，剪辑的流程包括以下几个步骤：

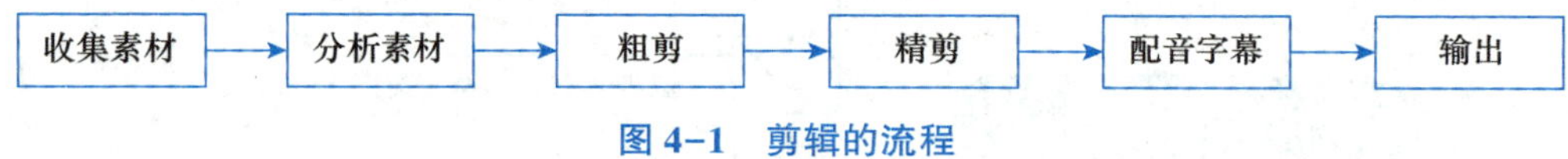

图 4-1　剪辑的流程

（一）收集素材

在剪辑之前，首先需要收集所有需要使用的素材，包括拍摄到的视频片段、音频素材、图片、动画等。这些素材是创作短视频的基础。

（二）分析素材

对收集到的素材进行仔细分析和筛选。了解素材的内容、主题、特点以及其在整体故事情节中的作用，以便更好地选择和组织。

（三）粗剪

在进行粗剪时，将素材按照基本的时间顺序进行排列，初步确定视频的整体结构和脉络。根据故事情节、节奏感和视觉效果，裁剪和拼接素材，形成视频片段。

（四）精剪

在精剪阶段，对粗剪后的视频进行进一步的编辑和调整。根据剧情发展和情感表达的需要，对片段进行修剪、合并、调整顺序等操作，以达到更好的节奏和叙事效果。

（五）配音和字幕

在短视频中添加配音、音效和字幕可以提升观众的理解和感受。可以根据需要，录制配音或选择合适的音效素材，并添加字幕来强化内容传达和交流效果。

（六）输出

最后一步是将剪辑好的视频输出为最终的短视频作品。选择合适的输出格式和分辨率，确保视频的质量和适配各个平台的要求。

三、剪辑的基本原则

（一）剪辑调性

镜头统一和调性统一是剪辑过程中非常重要的两个方面，它们能够使短视频保持一致的风格和氛围，可以使短视频在视觉和情感上更加统一、协调，提升观众的观看体验，从而有效传达出所期望的信息和情感。

1. 镜头统一

在剪辑过程中，要注意使不同镜头之间的过渡和衔接自然流畅，避免画面的跳跃和突兀。统一镜头的角度、距离、运动和构图方式，确保整个视频的视觉风格一致。例如，在旅行短视频中，可以使用一致的拍摄角度和镜头运动方式，如稳定器拍摄、跟随拍摄等，使整个旅行过程呈现一种连贯的视觉感。

2. 调性统一

短视频的调性包括色调、配乐和剪辑风格等方面。统一调性，可以使短视频表达出特定的情绪或氛围，增强观众的共鸣和情感体验。例如，在一个欢快的搞笑短视频中，可以使用明亮、鲜艳的色彩和轻快的音乐，配合快速剪辑和幽默的镜头安排，营造欢乐愉悦的氛围。

（二）镜头统一和调性统一的方法和技巧

第一，选择适合主题和内容的镜头，避免不相关或突兀的片段。

第二，在剪辑时可以使用相似的颜色调整，如色调、饱和度、对比度等，以便营造一致的视觉效果。

第三，选择适合主题和情感的音乐或配乐，使其与画面相呼应，营造统一的氛围和情绪。

第四，注意剪辑的节奏感和节奏变化，使镜头的切换和音乐的节奏相匹配，增强整体的流畅性和连贯性。

第五，对于剪辑风格，可以根据短视频的内容和目标受众选择合适的剪辑手法，如快速剪辑、跳跃剪辑、渐变剪辑等，以表达特定的情感或传递特定的信息。

（三）时空一致

短视频制作中的一个重要原则就是“时空一致”，也称为“时空连续性”。这个原则指的是在视频的剪辑过程中，确保画面中的时间和空间的连贯性和一致性，使得整个视频流畅自然，让观众在观看过程中不会感到突兀或不连贯的感觉。

具体来说，时空一致包含以下几个方面：

1. 时间连贯

在剪辑过程中，确保画面中的时间流逝是连贯的，避免出现时间跳跃或突然的时间变化，以免让观众感到困惑。例如，在拍摄连续动作的场景时，要保证镜头的拍摄时间间隔相对稳定，避免时间间隔过长或过短，造成画面的不连贯。

2. 空间连贯

确保画面中的空间布局和相对位置是连贯的，避免出现空间上的突然转换或不合理变化。在进行场景切换时，要考虑画面中的元素排布和相对位置，以确保场景之间的过渡自然流畅。

3. 动作连贯

在拍摄和剪辑过程中，要注意动作的连贯性，避免出现动作不协调或中断的情况。特别是在运用剪辑技巧进行连续动作的切换时，要确保动作的延续性，让观众感觉动作是一气呵成的。

4. 视觉一致

保持视频的视觉风格和色调一致，避免在不同场景或镜头之间出现明显的视觉差异。统一的视觉风格可以增强视频的整体效果，让观众更容易投入故事中。

时空一致是短视频制作中一个非常重要的原则，可以确保视频的连贯性和流畅性，提升观众的观赏体验。在制作短视频时，务必注重时空的连贯性，精心安排画面和剪辑，让整个视频呈现出自然流畅的效果。

（四）因果逻辑原则

短视频剪辑中的因果逻辑原则是指在剪辑过程中，合理安排画面和场景的先后顺序，让观众能够清晰地理解事件的因果关系，从而使整个故事情节连贯，逻辑清晰。这样的处理方式能够增强观众的理解和参与感，提高视频的吸引力和影响力。

例如，要制作一个简短的旅游风景视频，展示一天的旅程，那么在剪辑时，就可以遵循因果逻辑原则，将画面安排得更加连贯和具有逻辑性。

早上起床：展示主人公从床上醒来的画面，主人公伸懒腰、起身，明确时间是早上（图 4–2）。

图 4–2　早上起床示例

早餐准备：展示主人公去厨房准备早餐的画面，如切水果、煮咖啡等（图 4-3）。

图 4-3　早餐示例

出门旅行：随后，可以展示主人公背着背包走出家门的画面，确认她开始出门旅行了（图 4-4）。

图 4-4　出门示例

景点游览：按照时间顺序安排不同景点的画面，例如，先展示主人公到达某个景点的画面，然后再展示她在景点中的活动，这样能让使观众更容易理解故事的发展。

日落归来：可以安排主人公在日落时回到家的画面，呼应开头的早晨起床场景，形成一个完整的时间循环（图 4-5，图 4-6）。

图 4-5　日落示例

图 4-6　归来示例

遵循因果逻辑原则，按照时间和事件的先后关系将画面进行合理组织，能使整个视频呈现出连贯、流畅的剧情，帮助观众更好地理解故事，增强观赏体验。让故事更具有吸引力，更能引起观众的情感共鸣。

第二节　短视频转场

在剪辑过程中，转场是一项重要的技术手段，用于实现场景、时间或情感的过渡和衔接。转场不仅可以使剪辑更加流畅，还可以增强观众的视觉体验。其中，信息呈现是转场中的一个关键要点，涉及如何有效传递信息和吸引观众注意力的问题。转场可分为无技巧转场和有技巧转场。

一、无技巧转场

无技巧转场是一种简单自然的视频镜头过渡方式，不使用任何特效或过渡效果，而是直接通过相邻镜头之间的连续拍摄来实现画面的切换。在无技巧转场中，前一个镜头与后一个镜头之间的内容或场景有着自然的延续或联系，使得观众在无察觉的情况下，完成画面的过渡。

这种转场方式常常用于表现连贯的时间线或场景变化，使观众能够沉浸在视频内容中，获得一种真实和流畅的观看体验。无技巧转场的效果较为简单朴实，适用于讲述日常生活、自然风景等主题的视频，使画面之间的切换更加自然和连贯。

尽管无技巧转场不使用特效或过渡效果，但成功的无技巧转场同样需要一定的技巧和拍摄经验。拍摄时需要注意保持相邻镜头之间的画面连贯性，避免突兀的场景或内容切换，需要运用稳定的拍摄手法，使观众在观看视频时感觉流畅。正确运用无技巧转场，可以使短视频更具真实感和自然感，吸引观众持续关注，提升观看体验。

二、有技巧转场

有技巧转场是通过后期剪辑软件中的转场特效来实现画面的过渡效果。相比无技巧转场的简单自然，有技巧转场更加灵活多样，可以创造出各种独特的画面切换效果，以增加视频的视觉冲击力和吸引力。然而，使用有技巧转场需要谨慎，过于花哨的转场效果可能会分散观众的注意力，影响视频的整体观赏体验。因此，需要在适当的场景和情境下使用。

三、转场方式

短视频转场是在不同镜头之间进行平滑过渡的一种技巧，可以增强视频的连贯性、节奏感和视觉吸引力。在短视频中，常见的转场方式有以下几种：

1. 直切式转场

直切式转场是最简单常见的转场方式，直接将一个镜头切换到另一个镜头，没有任何特效或过渡效果。这种转场简洁明了，适用于需要快速传递信息的场景。

2. 空镜头转场

空镜头转场是指在两个镜头之间插入一个空白或黑屏，然后再切换到下一个镜头。空镜头转场可以用于表现时间的流逝、场景的变化或者重要情节的跳跃。

3. 主观镜头转场

主观镜头转场是通过模拟人物的视角来进行转场，增加观众的代入感和亲近感。这种转场常用于讲述故事或体现情感的场景。

4. 特写镜头转场

特写镜头转场是将两个镜头之间的画面缩小到一个特写镜头，然后再放大到下一个镜头。这种转场可以突出某个细节或物体，吸引观众的注意力。

5. 遮挡镜头转场

遮挡镜头转场是通过一个物体或遮挡物遮挡画面，然后移除遮挡，显示下一个画面。这种转场可以创造出一种神秘感或戏剧性效果。

6. 长镜头转场

长镜头转场是将两个镜头之间的画面通过一次连续的拍摄来完成转场。这种转场适用于表现连续的动作或自然过渡的场景。

7. 声音转场

声音转场是通过音频的过渡来实现画面的转场。比如，在上一个镜头的背景音乐或音效渐变中过渡到下一个镜头的音频。这种转场可以增强视频的节奏感和连贯性。

运用不同的转场方式，可以使短视频更加丰富多样，增强视觉和听觉上的感受。但需要注意的是，转场要符合视频内容的整体风格和节奏，过度使用转场效果可能会导致视觉疲劳。因此，在选择转场方式时，要根据具体情况进行合理运用，使转场效果更加自然流畅。

四、转场特效

在有技巧转场中，常见的转场特效包括：

（1）淡入淡出：通过逐渐变淡或变亮的效果实现画面的平滑过渡。

（2）心形转场：画面逐渐形成心形，使得画面切换更具情感表现力。

（3）百叶窗转场：画面像百叶窗一样打开或关闭，有利于增加视觉冲击力。

（4）闪光转场：画面在闪烁或闪光的效果下切换，有利于营造神秘感或剧烈情节切换。

（5）镜面翻转：画面通过镜像翻转的效果切换，能形成有趣的视觉效果。

（6）圆形扩散：画面由中心向四周扩散，能增加画面转换的动感和效果。

使用有技巧转场要根据视频内容和风格来选择合适的效果，避免过度使用，让观众感到眼花缭乱。合理运用转场特效可以增强视频的表现力和吸引力，使短视频更具有创意和感染力，提升观众的观赏体验。但需要注意的是，在使用特效转场时，要确保其与视频内容相符合，能够增强故事情节或表现主题，而不是仅仅为了炫技而使用。

第三节　短视频色调处理

短视频色调处理是指通过调整视频中的色彩和色调，达到一定的视觉效果和情感表达，以增强观众的观赏体验。色调处理可以让视频更加生动、吸引人，同时也有助于营造视频的情感氛围。

一、常见的短视频色调处理技巧

（一）色彩饱和度调整

（1）增加饱和度：增加色彩的饱和度可以让视频色彩鲜艳和生动，适用于表现充满活力和欢快的场景，如欢乐的聚会或户外运动。

（2）降低饱和度：降低饱和度可以使色彩柔和和淡雅，适用于表现温暖、浪漫或伤感的场景，如日落的景色或感人的故事情节。

（3）增加色温：增加色温可以使画面偏向暖色调，营造温馨、舒适的氛围，适用于表现温暖的室内场景或日落的景色。

（4）降低色温：降低色温可以使画面偏向冷色调，营造冷静、神秘的氛围，适用于表现夜晚或冷酷的场景。

（二）对比度调整

（1）增加对比度：增加对比度可以使画面的明暗对比更加明显，从而突出主题，增强视觉冲击力，适用于表现强烈的情感或紧张的场景。

（2）降低对比度：降低对比度可以使画面柔和、平缓，适用于表现温暖、舒适的场景或柔和的氛围。

（三）调整色调

（1）冷色调：偏向蓝色或绿色的色调可以表现清凉、冷静的感觉，适用于表现冬天或阴暗的场景。

（2）暖色调：偏向红色或黄色的色调可以表现温暖、浪漫的感觉，适用于表现夏天或温馨的场景。

（四）滤镜效果

应用滤镜效果可以为视频增加特定的视觉风格，如黑白滤镜、复古滤镜、电影胶片滤镜等，使视频呈现出不同的艺术感和氛围。

在进行短视频色调处理时，需要根据视频内容和主题，以及想要表达的情感和氛围来选择合适的色调处理技巧。同时，注意保持整体视频的一致性和平衡，避免过度处理导致视觉疲劳。巧妙地调整色彩和色调，可以让短视频更加生动、吸引人，并能引导观众进入视频所希望表达的情感世界。

二、信息呈现

（一）介绍

信息呈现是转场中的要点之一。在剪辑中选择合适的转场效果和过渡方式，并结合音效和剪辑节奏，有效地传递信息和引导观众的注意力，可以使剪辑更具吸引力、连贯性，更能引起观众的情感共鸣。通过转场的方式，可以帮助观众理解剪辑中的关键信息、情节发展或概念转变。

（二）信息呈现在转场中的要点

1. 引导观众关注

转场可以被用作吸引观众的注意力，将观众从一个场景或主题引导到另一个场景或主题。例如，使用剪辑过渡的方式，通过视觉上的衔接和连贯，将观众的视线引导到下一个重要的信息点或情节发展上。

2. 传递时间和空间的变化

转场可以帮助观众理解剪辑中的时间和空间的转变。通过选择合适的转场效果，如剪切、淡入淡出、扩散等，清晰地表达时间和空间的变化，能使观众更好地理解剪辑中所呈现的故事或信息。

3. 表达情感和意义

转场可以通过选择特定的转场效果和音效，传递情感和意义。例如，使用快速剪辑和剪切转场来表达紧张和悬疑的情绪，或使用渐变转场和柔化效果来营造温馨和浪漫的氛围。

4. 创建节奏和连贯性

转场在剪辑中具有连接不同镜头和场景的作用，能创造节奏感和整体的连贯性。选择适当的转场效果和过渡时间，可以确保剪辑流畅自然，避免画面的突兀和不连贯。

5. 强调关键信息

转场可以用来强调关键信息或突出剪辑中的重要内容。使用特殊的转场效果，如快速闪烁、放大缩小等，能将观众的注意力引导到重要的信息点，增强信息的影响力和记忆。

第四节 短视频剪切点

一、动静结合

在剪辑中，动静结合是一种常用的转场技巧，通过将动态镜头和静态镜头结合在一起，创造独特的过渡效果和视觉冲击力。

（一）对比和冲击

动静结合可以通过对比不同镜头的动态性和静态性，产生视觉上的冲击和对比效果。例如，将一个快速运动的镜头与一个静止的画面相连，可以创造出戏剧性的效果，吸引观众的注意力。

（二）强调和突出

将动态镜头与静态镜头结合在一起，可以突出显示关键信息或重要元素。例如，将一个快速移动的镜头切换成一个静止的特写镜头，可以将观众的注意力聚焦在特定的细节上，强调其重要性。

（三）过渡和平滑

动静结合可以用来平滑过渡剪辑中的不同场景或时间段。例如，将一个动态的镜头逐渐过渡到一个静态的场景，或将一个静态的镜头逐渐过渡到一个动态的场景，可以使过渡更加自然和连贯。

（四）节奏和韵律

动静结合可以用来创造节奏感和韵律感。在剪辑中交替使用动态和静态镜头，可以营造出节奏明快或缓慢的氛围，提升观众的观赏体验。

（五）故事叙述

动静结合还可以用于故事叙述中的表达和推进。选择合适的动态和静态镜头，可以在转场中传达情感、展示角色的内心世界或呈现故事的发展。

二、轴线规律

轴线是在拍摄过程中相机和被拍摄对象之间的虚拟线条，可以是水平线、垂直线或对角线。在剪辑中，轴线具有连接不同镜头的作用，其规律是一种常用的转场技巧，有助于保持画面的连贯性和稳定性。保持画面中相机位置和角度的一致性，遵循虚拟空间的连贯性，创建平滑的过渡效果，并强调主题或情感，能够增强剪辑的连贯性、稳定性和视觉吸引力。在剪辑过程中灵活运用轴线规律，可以提升视频的观赏体验。具体规律及优点有以下几方面：

（一）保持一致性

轴线规律要求在剪辑中保持相机的位置和角度相对于被拍摄对象的一致性。换句话说，当相机在某个镜头的一侧时，下一个镜头应该以相同的侧面拍摄，以保持画面的稳定性和连贯性。

（二）避免破坏虚拟空间

轴线规律有助于避免在转场时破坏虚拟空间的感觉。虚拟空间是指观众在观看视频时所感受到的三维空间感。遵循轴线规律，可以保持画面中的虚拟空间的连贯性，使观众沉浸于视频中。

（三）创建平滑过渡

在剪辑中，使用轴线规律可以创建平滑的过渡效果，使观众感受到流畅的画面切换。如当相机在一个镜头上沿着某个轴线移动时，下一个镜头应该在同一轴线上进行移动，以实现平滑过渡。

（四）强调主题或情感

运用轴线规律，可以在转场中强调主题或情感。例如，当相机沿着水平轴线移动时，可以强调水平方向上的稳定感或平衡感；当相机沿着垂直轴线移动时，可以强调垂直方向上的力量或冲击感。

第五节　短视频的声音与音效处理

在剪辑中，声音及其处理是至关重要的环节，可以增强短视频的情感表达和观众的观影体验。短视频的声音包括背景音乐和音效两个方面，在短视频中具有不同的作用。

一、背景音乐

背景音乐是指在短视频中用于营造氛围、增强情感表达的音乐。选择合适的背景音乐，可以营造出与视频内容相符的情绪和节奏。背景音乐的特点主要有以下几方面：

（一）主题一致性

背景音乐应与视频的主题和情感相一致。要根据视频的风格和内容选择合适的音乐类型，如激动、舒缓、欢快或悲伤等。

（二）音量平衡

确保背景音乐的音量适中，不会压过讲话声或其他重要的音效。音乐的音量应该与视频中其他声音保持平衡，以达到整体和谐的效果。

（三）情感表达

背景音乐能够通过节奏、旋律和音色等元素传递情感，可以让观众更好地与视频内容产生共鸣。

（四）节奏与剪辑

背景音乐的节奏与视频的剪辑有着密切关系。合理运用节奏感强的音乐可以使视频剪辑更加有力度和流畅，能增强画面的节奏感，给观众提供更加舒适的视听感受。

（五）版权合规

在使用背景音乐时，要确保遵守版权的法律和规定。选择合法授权的音乐，或者使用免版权音乐库中的音乐素材，以避免侵权问题。

二、音效

音效在短视频中扮演着重要角色，可以增强画面的真实感，营造环境氛围，突出关键动作或情节，以及提供更加丰富的听觉体验。在使用音效时，要确保音效与视频内容相匹配、合理运用，不过度使用或干扰观众对视频主题的理解。选择适合的音效并进行合理的处理和混音，可以提升整体的音频质量和观赏体验。

（一）环境氛围

音效可以用于再现视频中的环境声音，如自然环境中的鸟鸣、风声、水流声，或城市环境中的车辆喧嚣、人声嘈杂等。这些音效可以增强观众对场景的感知，并使观众产生身临其境的感觉。

（二）突出特定动作

音效可以用于强调视频中的特定动作或物体的声音，增强视听效果。例如，拳击比赛中拳击手的出拳声、枪战场景中的枪声、飞机起飞的轰鸣声等。这些音效可以让观众更加身临其境地感受到画面中的紧张氛围。

（三）情感表达

音效还可以通过音色、音量和音调等元素来传递情感。例如，悲伤场景中的哀伤音效、紧张场景中的快速节奏和高音效果，都可以帮助观众更好地理解和感受视频中所传达的情感。

（四）节奏与剪辑

音效的节奏和剪辑紧密相关。合理运用音效的节奏可以使视频剪辑更具有冲击力和连贯性，使观众的视听体验更加流畅和愉悦。

（五）过渡和转场

音效可以在视频的过渡和转场中起到衔接作用。例如，使用音效来过渡画面之间的切换，或者在转场时添加合适的音效以增强转场的效果和连贯性。

（六）趣味和创意

音效还可以用于增添视频的趣味和创意元素。通过添加一些有趣的音效，可以让视频更具吸引力和互动性，能让观众更加愉快地观看和参与其中。

三、声音处理

短视频声音处理是制作高质量视频的关键步骤之一（图 4-7），能够增强视频的表现力，吸引观众的注意力，并能提升整体观赏体验。声音处理包括先期录音、同期录音和后期配音三个主要阶段。

（一）先期录音

先期录音是在拍摄视频时，同时录制现场声音的过程。这是确保视频声音与画面同步的基础。在先期录音阶段，要确保录制的声音清晰、准确，以免后期制作时出现不同步或噪声干扰。通常，先期录音主要包括角色的对白、环境声音和特定场景中的声音效果。

（二）同期录音

同期录音是在后期剪辑时，将录音与视频画面进行精确匹配的过程。在这一阶段，编辑人员会将先前录制的音频与视频同步，以确保声音和画面完美契合。同时，还可以进行音频的剪辑、调整音量、去除噪声等处理，使声音更加清晰、流畅。

（三）后期配音

后期配音是在同期录音后，根据视频的需要，补充添加额外的音频内容。音频内容可以是解说词、配乐、音效等。后期配音可以进一步增强视频的表现力和吸引力。例如，添加背景音乐可以营造出特定的情绪氛围，增强观众的情感体验；加入音效可以增添画面的

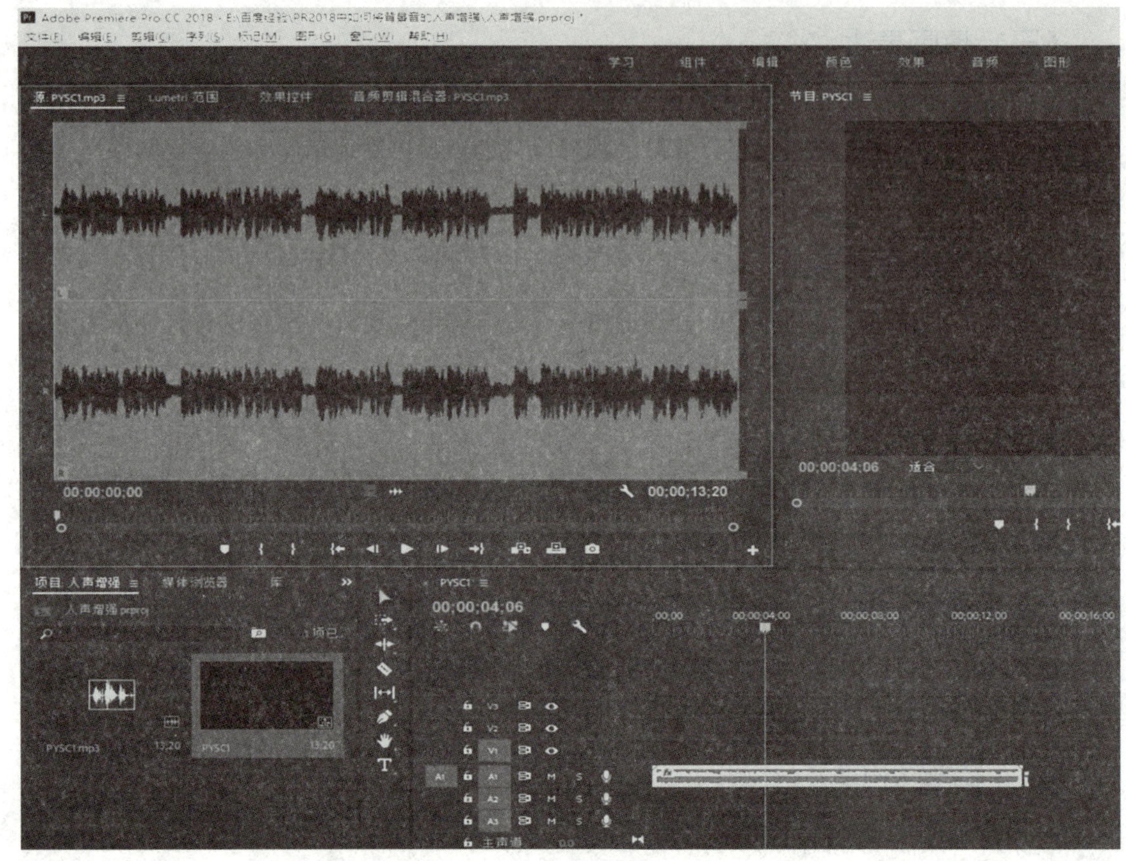

图 4-7　声音处理示例

真实感和趣味性。

（四）注意事项

（1）确保录音环境安静，避免背景噪音和杂音的干扰。

（2）调整音量和音效，使其与画面内容相适应，不要让声音过于突兀或淹没画面。

（3）使用合适的配乐和音效，以增强视频的情感表现力和吸引力。

（4）在后期制作中，保持音频和视频的同步，避免出现不协调的情况。

综合运用先期录音、同期录音和后期配音等声音处理技巧，可以让短视频内容更具专业性和吸引力，为观众带来更好的观看体验。

第六节　短视频剪辑的基本思路

短视频剪辑是将拍摄的素材进行剪辑和编辑，以呈现出具有吸引力和流畅度的视觉效果。

下面是一些常见的剪辑思路。

一、排比剪辑

排比剪辑是将一系列相似或相关的场景、动作按照特定的顺序进行剪辑，以营造出节奏感和韵律感。例如，在一个关于户外运动的短视频中，可以使用排比剪辑的方式展示不同运动员进行相似动作的快速剪辑，营造出紧凑有力的视觉效果。

（一）排比剪辑的技巧

（1）快速剪辑：将相似的场景或动作快速地剪辑在一起，使观众感受到连贯而迅猛的动作节奏。

（2）节奏转换：在一段排比剪辑中，适当设置一些节奏转换的点，增加剪辑的变化和层次感。

（3）视觉重复：利用相似的视觉元素在不同场景之间进行重复，以突出主题或情感。

（4）音频配合：将音频与剪辑的节奏相匹配，增强视听的协调性和整体效果。

（5）强调关键元素：通过重复剪辑某个关键元素或动作，强调其重要性，使观众对其产生更深刻的印象。

（二）示例

假设制作一部关于早晨的短视频，可以运用排比剪辑的方式来展示早晨的一系列活动：先是闹钟响起，然后是刷牙洗脸，接着是做早餐，最后是出门上班。这样的剪辑方式可以让观众感受到时间的推移和早晨的紧张节奏。

排比剪辑可以运用在各种类型的短视频中，无论是旅行、美食、运动还是故事讲述等，都可以通过合理运用相似元素和剪辑顺序，营造出引人入胜的视觉效果，吸引观众的注意力。

二、相似剪辑

相似剪辑是将不同场景或动作中的相似元素进行剪辑，以强调共同的主题或概念。例如，在一部关于四季变化的短视频中，可以使用相似剪辑的方式将不同季节中的相似元素（如树叶的变色、天空的变化）剪辑在一起，突出四季交替的感觉。

（一）相似剪辑的技巧

（1）视觉对比：通过将相似的场景或动作与不同的背景或环境进行对比，加强表达和视觉冲击力。

（2）变化递进：将相似元素逐渐变化或发展，使剪辑呈现递进关系，提升观众的好奇心和吸引力。

（3）镜像和重复：运用镜像和重复的剪辑效果，创造出独特的视觉效果，增强观众的视觉体验。

（4）颜色和视觉效果：通过相似的颜色调和视觉效果，增加短视频的统一性和美感。

（5）主题延伸：将相似的主题或情感进行延伸和扩展，使短视频更具连贯性和深度。

（二）示例

假设制作一部表现季节变化的短视频，可以运用相似剪辑的方式来展示四季的景象：春天里绽放的花朵、夏日里碧绿的草地、秋天里落叶飘舞、冬日里银装素裹。这样的剪辑方式可以通过相似的元素传递出四季交替的美感和变化。

三、逻辑剪辑

逻辑剪辑是根据剧情或主题的逻辑关系进行剪辑，以讲述清晰的故事或传达明确的信息。逻辑剪辑可以让短视频的内容更加连贯，使观众能够更好地理解和接受所传递的信息和故事情节。逻辑剪辑在短视频中常用于展示事物的发展过程、逻辑推理和因果关系。例如，在一部讲述故事的短视频中，可以使用逻辑剪辑的方式将不同场景中的关键信息按照时间或空间的逻辑顺序进行剪辑，让观众更好地理解故事的发展。

（一）逻辑剪辑的技巧

（1）时间流逝：通过剪辑不同时间段的场景或动作，展示事物的发展和变化过程。例如，使用快速剪辑展示一个城市从清晨到夜晚的变化。

（2）因果关系：将不同场景或元素按照因果关系进行组合，展示故事情节的逻辑发展。例如，先展示人物之间的冲突，然后呈现解决问题的过程。

（3）空间连接：通过剪辑不同地点的场景，展示故事情节的空间联系。例如，将不同地点的人物通过剪辑连接起来，构建出一个完整的故事线索。

（4）信息传递：通过剪辑不同场景或画面，逐步传递信息和故事情节，让观众能够理解整个故事的脉络和逻辑。

（5）主题对比：通过剪辑不同主题或情节，展示它们之间的对比和区别，加深观众对故事的理解和感知。

（二）示例

假设制作一部科普类短视频，想要解释某种自然现象的形成过程，可以运用逻辑剪辑的方式：先展示相关数据和实验，然后按照时间顺序将实验结果逐步呈现出来，最后得出自然现象的解释。这样的剪辑方式可以通过逻辑推理，让观众对自然现象的形成过程有更深刻的认识。

第七节　镜头组接

镜头组接是视频编辑中非常重要的技巧，可以让不同镜头之间的过渡自然流畅，增强观众的观赏体验。下面介绍几种常用的镜头组接编辑技巧。

一、淡入淡出

淡入是将一个镜头从黑暗逐渐过渡到明亮，淡出则是将一个镜头从明亮逐渐过渡到黑暗。这种过渡效果常用于视频的开头和结尾，可以让镜头之间过渡平滑，避免突兀感。通过逐渐增加或减少画面的亮度来实现平滑过渡，可以让不同镜头之间过渡自然，能避免突兀感。淡入淡出可以应用在不同场景和情境中，给观众带来舒适的视觉体验，同时也有利于强调特定的画面或情节。

淡入效果是一个画面从黑暗逐渐变亮，直到完全显示出来。这种过渡效果常用于视频的开头，通过从黑暗逐渐进入视频，使观众专注于视频的开始。

淡出效果是一个画面逐渐变暗，直到完全消失。这种过渡效果常用于视频的结尾，可以让观众的视线渐渐脱离，使其自然结束。

淡入淡出不仅可以应用于整个视频的开头和结尾，还可以在镜头切换时使用，突出镜头之间的过渡效果，使整个视频更加流畅。例如，当一个场景结束时，通过淡出效果将其逐渐变暗，然后通过淡入效果将新的场景逐渐显示出来，让观众感到画面的变化自然而不突兀。

淡入淡出效果的使用要适度，不宜频繁，否则会影响观看体验。同时，还要注意调整淡入淡出的持续时间和过渡效果的速度，以确保过渡效果的平滑和自然。合理运用淡入淡出效果，可以提升视频的观赏性和吸引力，增强视觉冲击力，给观众留下深刻的印象。

二、叠化

如图 4-8 所示，叠化是将一个镜头慢慢叠加到另一个镜头上，形成渐变效果。这种技巧可以在场景切换时使用，让画面过渡更加柔和，增加视觉美感。

图 4-8　叠化

叠化是视频编辑中一种常用的过渡效果，也称“叠加过渡”。它通过在两个不同的镜头之间叠加画面，使它们同时出现在屏幕上，并逐渐调整透明度，从而实现平滑过渡。这种效果可以创造出一种图像重叠的效果，让视频切换更加平滑和自然。

叠化效果可以应用在不同类型的视频中，如在剪辑中切换不同场景、不同角度的拍摄，或者用于添加特殊效果和转场效果。

在使用叠化效果时，需要注意两个画面之间的内容和颜色搭配，以确保叠加后的画面不会显得杂乱。叠化效果通常用于表现梦幻、回忆、幻想等场景，也可以用于过渡不同时间段或地点的情节，使视频更具有叙事性和艺术感。

叠化效果的实现需要视频编辑软件支持，并通过调整透明度、混合模式等参数来实现。在运用叠化效果时，要注意不要过度使用，以免影响视频的观看体验。合理运用叠化效果，可以创造独特的视觉效果，提升视频的视觉吸引力，从而吸引观众的注意力。

三、划像

划像是将一个镜头从画面上方或下方平滑地滑动到画面中间。这种镜头组接技巧可以用来引入新的场景或人物，增强画面的动感和变化（图 4-9）。

图 4-9 划像

划像是视频编辑中常用的一种过渡效果，也称为“划过过渡”。它通过在两个相邻的镜头之间添加一个类似于划动的效果，从一个画面慢慢露出另一个画面，从而实现画面的平滑过渡。这种效果可以给观众一种画面被揭开或滑动的感觉，能增强视频的动感和视觉冲击力。

划像适用于许多不同类型的视频，特别是在切换不同场景、不同角度的拍摄时，通过划像的效果，画面过渡更加平滑和自然。此外，划像还可以用于表现时间的流逝或快进，增强视频的叙事效果。

在运用划像效果时，需要注意两个画面之间的关联和衔接，以确保过渡的流畅性和自然性。划像的速度和方向可以根据视频内容和节奏来调整，以实现最佳的视觉效果。

划像效果通常是通过视频编辑软件中的过渡效果选项来实现的。在添加划像效果时，可以根据需要选择不同的划像样式和过渡方式，如从上到下、从左到右、对角线等，以及调整过渡的持续时间和速度。

总体而言，划像是视频编辑中常用且实用的过渡形成之一。巧妙地运用划像，可以增强视频的视觉吸引力，提升观众的观赏体验，让视频更具有艺术感。但同样注意不要过度使用，以免影响视频的观看效果。

第八节　画中画

一、介绍

画中画是在画面中嵌入另一个画面，让两个画面同时播放，如图 4-10 所示。这种技巧常用于展示同时发生的不同情节或者加强画面信息的表达。画中画是一种视频编辑技术，它允许将一个视频嵌入另一个视频中，同时播放两个视频。在画中画效果中，主视频通常是全屏播放，而嵌入的视频则以小窗口的形式显示在主视频的一角或指定位置。

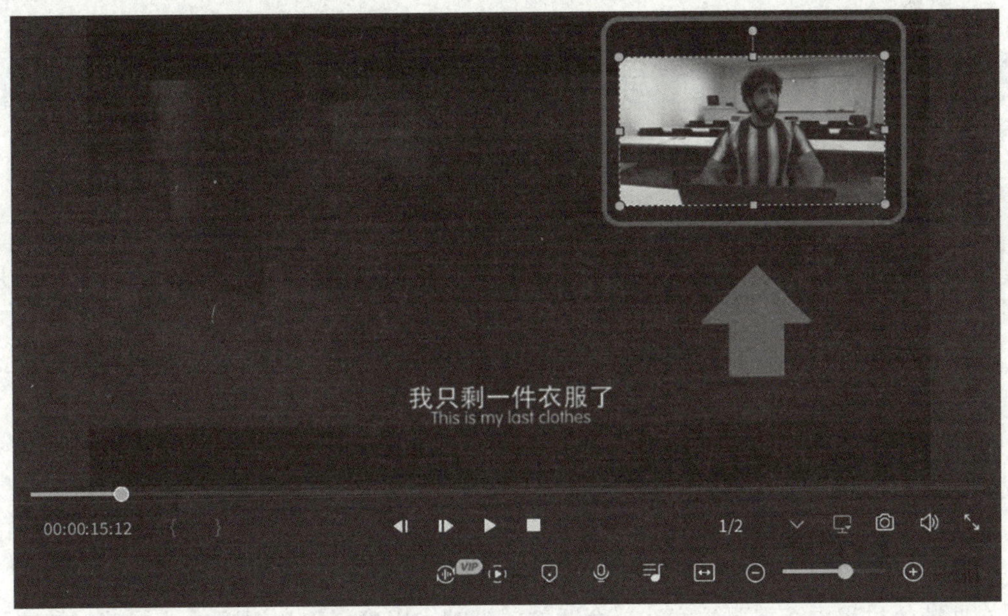

图 4-10　画中画

画中画效果常用于同时展示多个场景或角度，以便增强视频的信息传达和观赏体验。通过画中画，可以实现对重要细节、背景信息或其他相关画面的同时呈现，帮助观众更全面地理解内容。

二、画中画效果的应用

画中画可以提升视频的叙事效果和观众的视觉吸引力。一些常见的画中画应用场景包括以下几种：

（1）新闻报道：在新闻节目中，可以在主要新闻画面旁边添加画中画，播放相关的现场报道、采访或事件。

（2）产品演示：在产品展示视频中，可以将产品的特点和使用场景放在主视频中，同时在角落演示产品的细节或功能。

（3）视频教程：在教学视频中，可以同时显示教师的讲解和相关的示范画面。

（4）直播转播：在直播转播中，可以同时显示主播和转播内容，让观众不会错过任何精彩瞬间。

（5）剧情叙事：在影视剧中，画中画可以用于展示角色的内心活动或回忆片段，增强情节的表现力。

在使用画中画效果时，需要注意画中画的尺寸和位置，以保证它不会遮挡主要内容或造成视觉混乱。同时，画中画的内容应与主视频内容相关，增强整体叙事效果，而不是简单地堆砌多个画面。

画中画是视频编辑中非常有趣和实用的一种技术，灵活运用画中画，可以提升观众的观赏体验。

第九节　抽帧

一、介绍

抽帧是将一个镜头中的几个连续帧逐渐缩减，从而加快画面的节奏。这种技巧常用于表现快速运动或紧张情节，可增强观众的视觉冲击力。

该效果不包含原始视频的所有帧，而是选取其中的特定帧来展示，从而在更短的时间内呈现视频的内容。

抽帧常用于创作一些特殊效果，如快速回放、动画效果、剧情高潮等，也可以用来减少视频的播放时间，呈现更简洁和紧凑的内容。

二、抽帧方式

在抽帧的过程中，需要注意选择合适的关键帧，以确保整个视频仍然能够保持连贯性和流畅性。通常，抽帧可以通过以下几种方式实现：

（1）等间隔抽帧：按照一定的时间间隔从视频中选取关键帧。例如，每隔 1 秒选取一帧，或者每隔几秒选取一帧。

（2）关键动作抽帧：根据视频中的关键动作或场景进行抽帧。例如，在体育比赛中，可以抽取运动员得分或者重要瞬间的帧。

（3）速度变换抽帧：根据视频的主题和情节，调整抽帧的速度，从而营造快速或慢动作的效果。

（4）随机抽帧：随机选取视频中的关键帧，以创造一种特殊的视觉效果。

抽帧的应用同样可以使视频内容更具吸引力和创意，提高观众的观看体验。然而，过度使用抽帧可能会导致视频失去连贯性和流畅性，因此在使用抽帧技术时，需要根据视频的内容和目标受众合理地进行选择和调整。

第十节　短视频字幕

一、介绍

如图 4-11 所示，短视频字幕是在短视频中添加文字信息的一种技术手段，通常以横幅或滚动形式展示在视频的底部或其他适合的位置。字幕可以用来呈现视频的主题、内容概要、对话对白、解释说明以及重要信息的传达等。

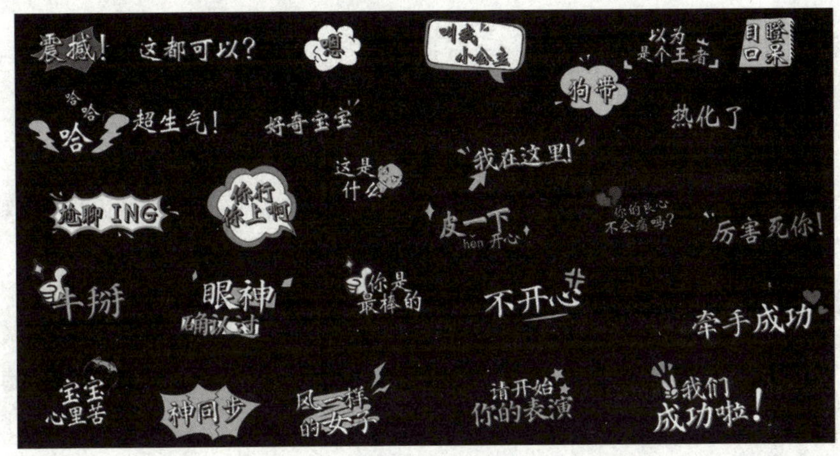

图 4-11　字幕

短视频字幕的意义不可忽视。字幕可以帮助观众更好地理解视频内容，特别是对于语言障碍或听力障碍的观众而言，字幕提供了更便捷的信息传递方式；字幕能够增强视频的信息密度，使内容更加丰富和详细，有助于提升观众的阅读体验；字幕还可以吸引观众的注意力，突出重点信息，提升视频的吸引力和影响力。

短视频字幕在社交媒体平台的算法分发中也扮演着重要角色。由于社交媒体平台对视频的内容和时长有着严格要求，字幕可以让视频更容易、更快速地被搜索引擎识别，从而提高视频的搜索排名，提升视频的曝光量和传播效果。

总体而言，短视频字幕作为一种多功能的表现形式，不仅能够提升视频的表现力和传达效果，还能在社交媒体传播中起到推动作用。因此，对于短视频制作者来说，合理运用字幕是提升短视频质量和吸引力的重要策略之一。

二、短视频字幕处理

字幕在整个视频制作中扮演着重要角色，其作用可以总结为以下几点：

（一）提供内容补充

字幕可以用来提供内容补充，将视频中的文字信息呈现给观众。有些场景可能由于拍摄角度或其他原因，难以通过画面直接表达清楚，字幕则可以补充这些信息，增强观众的理解和体验。

（二）强化观点和主题

适当的字幕处理可以强化视频的观点和主题，突出重点信息，让观众更容易理解和记忆。

（三）提升观看体验

字幕可以帮助观众更好地跟随视频内容，尤其是在快节奏或有特殊口音的视频中，字幕可以有助于观看，避免信息遗漏。

（四）改善声音质量

对于音频质量较差的视频，可以通过字幕将对话内容呈现出来，改善观众的听觉体验。

（五）增强吸引力

巧妙地设计字幕样式和动效，可以增强视频的视觉吸引力。

总的来说，短视频字幕处理是一种多功能的手段，在帮助传递信息、强化观点、提升观看体验等方面具有重要作用，是短视频制作中不可忽视的一环。

三、短视频字幕的设计技巧

短视频字幕的设计是影响观众阅读体验和视觉感受的重要因素，主要内容包括字体选择、排版技巧、颜色搭配、字幕时长、文字内容等。

（一）字体选择

1. 简洁易读

选择简洁清晰、易读的字体，避免使用过于花哨或复杂的字体，以免影响观众的阅读体验。

2. 与视频风格相符

字体应与视频风格相符，根据视频内容和主题选择合适的字体类型，比如在正式场合可以用较为庄重的字体，轻松搞笑的视频可以选择活泼有趣的字体。

3. 字号大小

字号大小要适中，不宜过大或过小，以确保字幕在各种屏幕上都能清晰可见。

（二）排版技巧

1. 字幕位置

字幕的位置应放置在画面相对空旷的地方，避免遮挡重要视觉元素，一般放在视频底部或顶部较为常见。

2. 行距与间距

保持合适的行距和字间距，以确保字幕排版整齐、易读。

3. 对齐方式

对齐方式可以根据具体情况选择左对齐、居中对齐或右对齐，应保持一致性和美观。

4. 文本动效

适度使用字幕动效可以增强视觉吸引力，但要避免过多花哨的动效，以免分散观众的注意力。

（三）配色搭配

1. 背景颜色

字幕的背景颜色要与视频画面相协调，确保字幕与背景之间有足够的对比度，方便阅读。

2. 字体颜色

选择与背景相对鲜明的字体颜色，能确保字幕清晰可见。

（四）字幕时长

字幕显示时长要合理，不宜过短或过长，以便观众有足够时间阅读内容。

（五）文字内容

字幕内容要简洁明了，避免冗长的文字，突出主要信息，让观众一目了然。

总的来说，短视频字幕的设计要考虑观众的阅读体验和视觉感受，文字选择与排版以简洁清晰为原则，与视频风格相符，保持一致性，并适度运用动效和配色搭配，从而提升视频质量，吸引观众的注意力。

第十一节　剪映的运用

一、认识剪映的工作界面

剪映是一款功能强大且易于使用的手机视频剪辑与制作工具，适用于 iOS 和 Android 平台。它提供了丰富的视频编辑功能，让用户可以轻松创作高质量的短视频。

（一）区域介绍

剪映的工作界面简洁直观，用户可以迅速上手。剪映的主界面由几个核心部分组成：创作区域、草稿区域和功能菜单区域。

1. 创作区域

创作区域是剪映的主要编辑界面，用户可以在这里对视频进行剪辑、添加滤镜、调整色调、设置转场效果等。创作区域主要包含以下功能：

（1）视频素材导入：如图 4-12 所示，用户可以从手机相册或剪映素材库导入视频素材。

图 4-12　视频素材导入

（2）时间线：如图 4-13 所示，视频素材会显示在时间线上，用户可以通过拖动调整视频顺序和长度。

图 4-13　时间线导入

（3）剪辑：如图 4-14 所示，用户可以裁剪视频，删除不需要的片段，保留精彩内容。

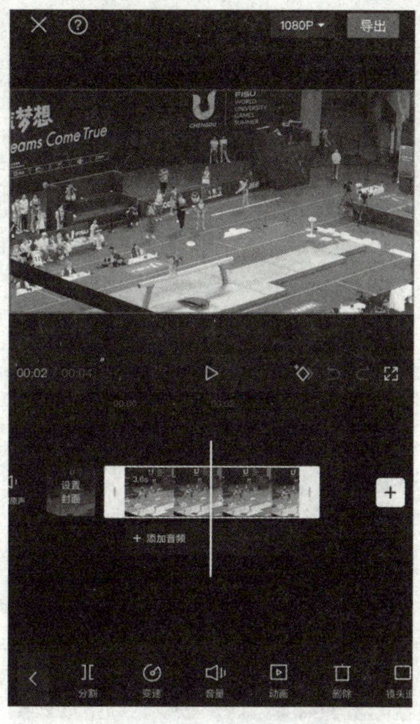

图 4-14 剪辑

（4）滤镜与色调：如图 4-15 所示，剪映提供多种滤镜和色调调整选项，能让视频色彩更加丰富多样。

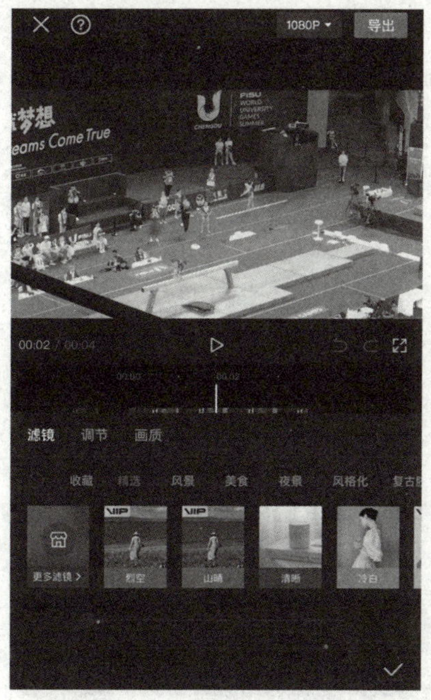

图 4-15 滤镜与色调

（5）转场效果：如图 4-16 所示，用户可以在视频片段之间添加转场效果，使视频过渡更加流畅。

图 4-16　转场

（6）文字与字幕：如图 4-17 所示，用户可以在视频中添加文字和字幕，展示想要传达的信息。

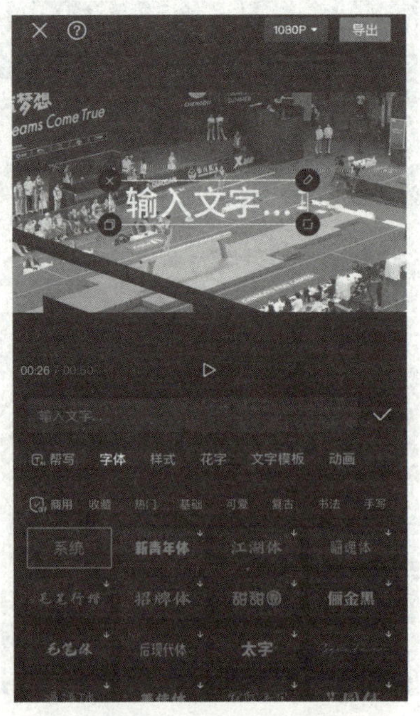

图 4-17　文字与字幕

(7) 音乐与音效：如图 4-18 和图 4-19 所示，剪映内置丰富的音乐库和音效，用户可以选择合适的音乐为视频增色。

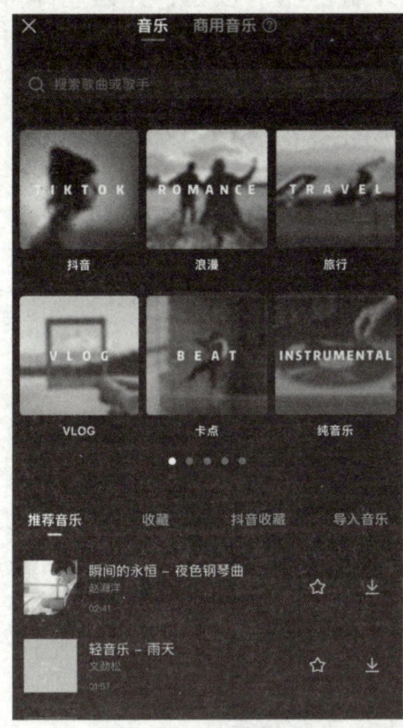

图 4-18　音乐设置

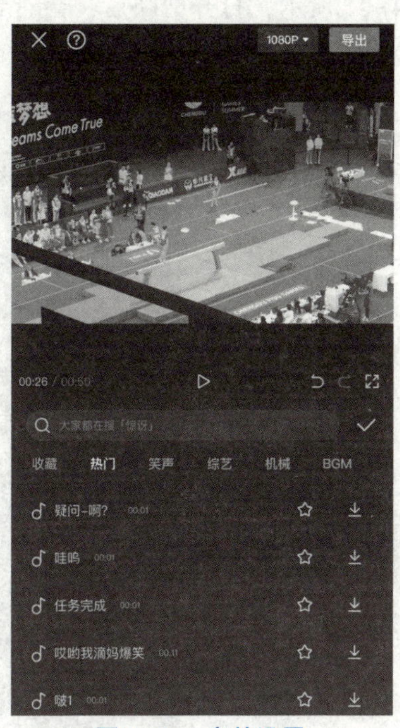

图 4-19　音效设置

2. 草稿区域

如图 4-20 所示，草稿区域是用于暂存未完成编辑的内容的地方。当用户编辑视频时，剪映会自动保存未发布的草稿，方便用户随时继续编辑和调整。

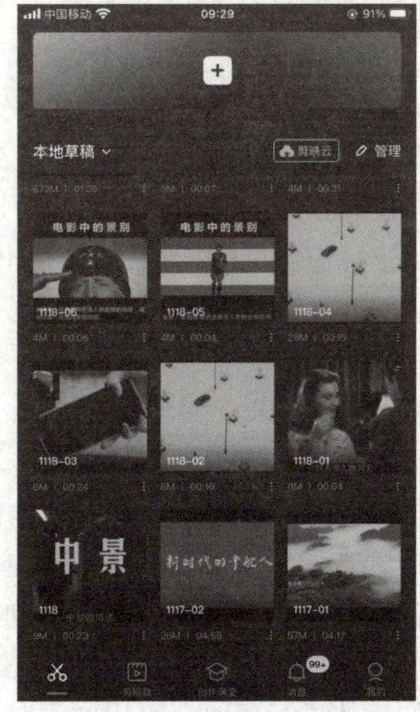

图 4-20　草稿区域

3. 开始创作按钮

如图 4-21 所示，打开剪映后，会看到一个“开始创作”按钮，点击它即可开始制作短视频。

图 4-21　开始创作按钮

4. 时间轴区域

时间轴区域位于屏幕的中部，是视频编辑的主要区域。在时间轴上，可以把不同的视频素材排列并组合成一个完整的视频作品。时间轴上有一个时间刻度，显示视频的时长和进度；还有一个时间指示器，用于标记当前的播放位置，方便精确地进行剪辑和编辑。

（二）工具栏

工具栏位于屏幕的底部，包含多个编辑工具的按钮。点击这些按钮，可以进入对应的编辑界面，对视频进行裁剪、添加滤镜、调整色调、设置转场效果等操作。工具栏还包括一些基本功能，如导入视频、添加音乐、保存草稿等，具体包括以下工具：

（1）音量：调整视频中的音频音量，可以让音频变得更响亮或更柔和。

（2）动画：添加动画效果到视频中，增强视觉吸引力和创意。

（3）删除：删除选定的视频片段或素材，进行精细化编辑。

（4）镜头追踪：对运动中的物体进行跟踪，可以在视频中添加特效或替换素材。

（5）抖音玩法：剪映独有的抖音风格特效，让视频更加生动有趣。

（6）音频分离：将视频中的音频与视频分离，方便对音频进行单独编辑。

（7）编辑：进行复杂的视频编辑，包括剪切、复制、粘贴等操作。

（8）滤镜：添加滤镜效果到视频中，调整色调和色彩，增加视频的美感和氛围。

（9）调节：调整视频的亮度、对比度、饱和度等参数，优化视频画面。

（10）美颜美体：对视频中的人物进行美颜和美体处理，让人物更加漂亮自然。

（11）蒙版：添加蒙版效果到视频中，实现局部的遮罩和特效。

（12）画中画：在视频中添加另一个视频或图片，实现画中画效果。

（13）替换：用其他素材替换选定的视频片段，创造出全新的场景。

（14）防抖：对抖动的视频进行稳定处理，使画面更加稳定和清晰。

（15）不透明度：调整视频的透明度，实现图像叠加和透明效果。

（16）变声：对视频中的音频进行变声处理，创造出不同的声音效果。

（17）降噪：去除视频中的噪声，提高音频质量。

（18）复制：复制选定的视频片段或素材，方便重复使用。

（19）倒放：将视频进行倒序播放，产生独特的效果。

（20）定格：将视频帧定格为静止画面，可以用于呈现特殊效果和创意。

（21）剪辑：如图 4-22 所示，在剪辑工具栏中，提供视频的剪辑和裁剪功能，可通过拖动时间轴上的标记，选择需要保留的视频段落，或者裁剪掉不需要的部分，从而调整视频长度。

图 4-22 剪辑工具栏

剪辑工具栏是剪映 App 中最核心和常用的功能区域，提供了多种编辑工具，让用户能够对视频进行精细化的剪辑和处理。剪辑工具栏中常用的工具有分割和变速等。

①分割：将视频分割成多个片段，方便进行剪辑和处理。

②变速：调整视频的播放速度，可以加速或减慢视频播放速度，创造出不同的效果。

（22）音频：如图 4-23 所示，音频工具栏可添加背景音乐，并调整音频音量。用户可以选择剪映音乐库中的音乐，可调整视频原声和背景音乐之间的音量平衡，确保声音效果符合预期。音频工具栏是剪映 App 中用于音频处理的功能区域，提供了多种音频编辑工具，让用户能够对视频的音频进行精细化处理。

图 4-23 音频工具栏

音频工具栏主要以下几种工具：

①音乐：在视频中添加背景音乐，可以从剪映提供的音乐库中选择适合的音乐，增强视频的氛围和情感。

②版本校验：对视频中的音频进行版本校验，确保音频的版权和合法性。

③音效：添加音效到视频中，如拍摄场景的环境音效、特殊音效等，提升视频的真实感和趣味性。

④提取音乐：从视频中提取音频，方便对音频进行单独编辑和处理。

⑤抖音收藏：剪映独有的抖音音效库，提供各种热门音效，能让视频更有趣和时尚。

⑥录音：录制自己的声音或音频，可以用于配音、旁白等用途。

（23）文本：如图 4-24 所示，文本工具栏用于在视频中添加字幕和说明文字。用户可以选择字体的样式、颜色、大小和位置，将文字精确地放置在视频画面上，增强内容的表现力。

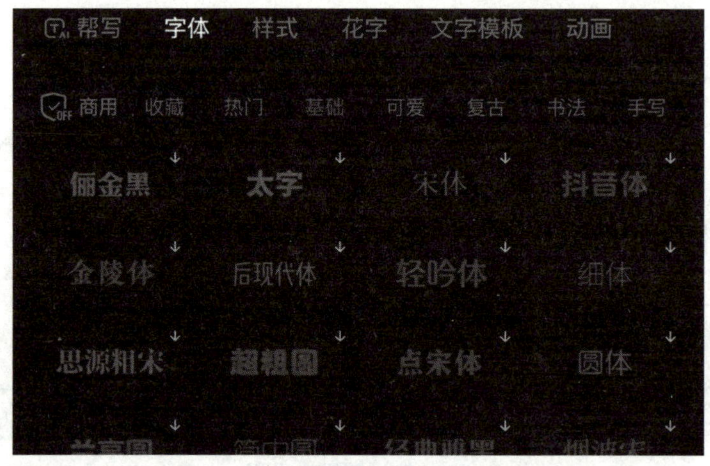

图 4-24 文本工具栏

文本工具栏是剪映 App 中用于文字处理的功能区域，提供了多种文字编辑工具，让用户能够在视频中进行添加、编辑和美化文字。下面介绍文本二级工具栏中的一些功能和作用。

①新建文本：在视频中添加新的文字元素，可以是标题、字幕、说明等，可通过调整文字内容、字体、大小和颜色，实现不同的视觉效果。

②添加贴纸：可以选择并添加各种文字贴纸，如表情、时尚标签、特殊符号等，让文字更有趣味和个性。

③识别字幕：通过识别视频中的语音内容，自动生成字幕，并将其应用到视频中。

④文字模板：提供多种精美的文字模板，用户可以直接选用，简单快捷地添加文字效果。

⑤识别歌词：对于音乐视频，剪映可以识别音乐的歌词，并将其转化为字幕效果，增强音乐视频的表现力。

⑥涂鸦笔：用户可以使用涂鸦笔工具在视频上绘制文字或图案，提升创意和趣味。

（24）贴纸：如图 4-25 所示，贴纸工具栏提供了丰富的动态贴纸和表情，用户可以将贴纸拖动到视频中的任意位置，并调整其大小和透明度，为视频增添更多趣味和个性。

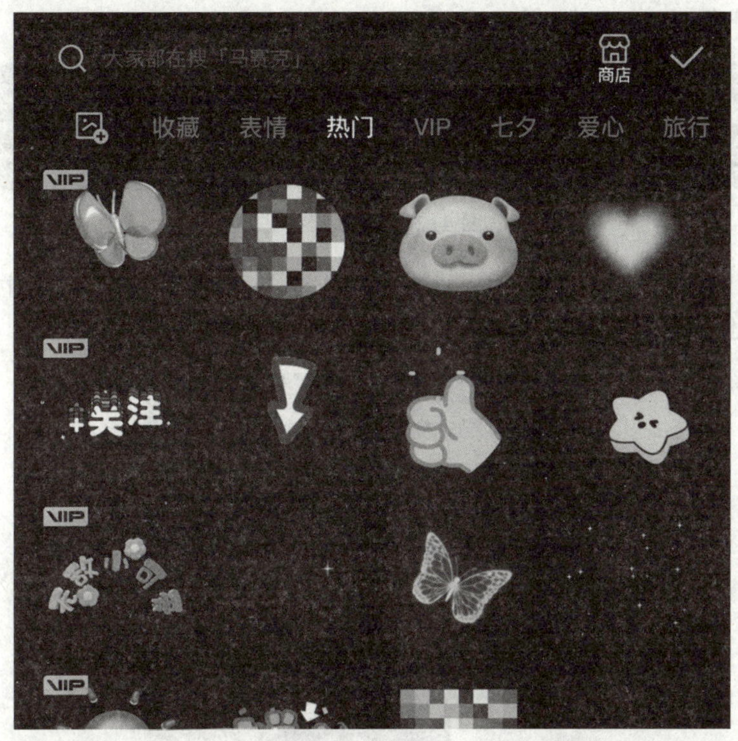

图 4-25　贴纸

（25）画中画：如图 4-26 所示，画中画工具允许在视频中添加其他视频或图片，创建画面重叠的效果。用户可以调整大小、位置和透明度，创造出多层次的画面效果。

图 4-26　画中画

（26）特效：如图 4-27 所示，特效工具栏提供了多种视频特效，如模糊、黑白、反转等，可以为视频增添不同的风格和氛围。用户可以选择适合的特效并调整其强度，让视频更具有视觉冲击力。

图 4-27 特效工具栏

（27）素材库：如图 4-28 所示，剪映提供的专业素材库，包含各种主题和风格的视频、音频等素材，可供用户免费使用，以便丰富视频内容。

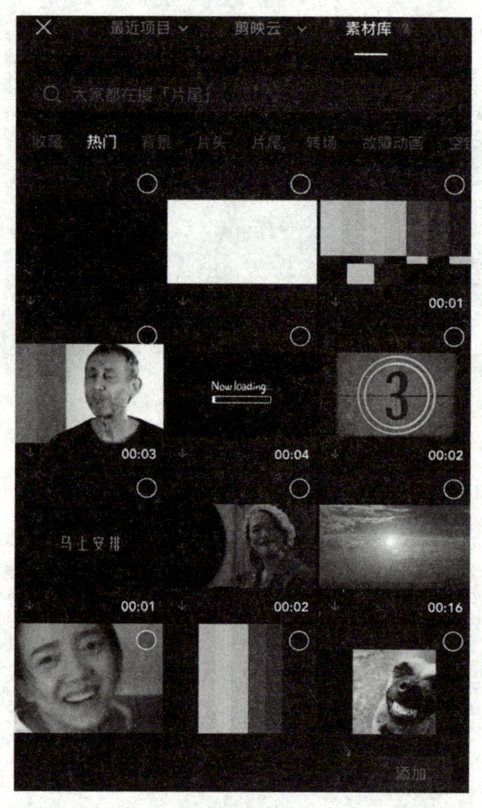

图 4-28 素材库

（28）滤镜：如图 4-29 所示，滤镜工具栏提供了多种滤镜效果，可以调整视频的色调和色彩。用户可以选择适合视频风格的滤镜，并调整滤镜的强度，使视频更具有艺术感和美感。

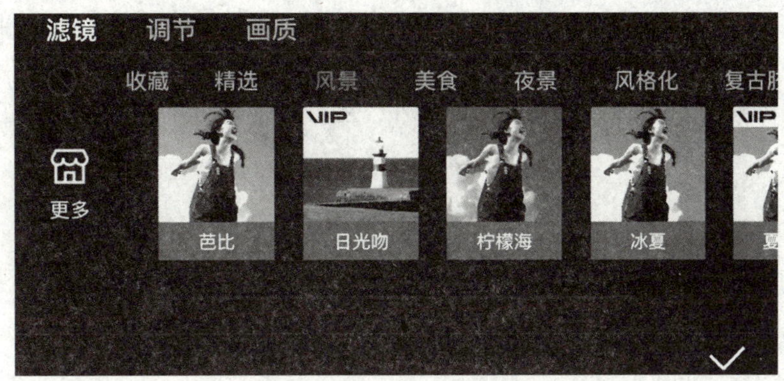

图 4-29　滤镜

（29）比例：如图 4-30 所示，比例工具栏允许用户调整视频的画面比例，如 16∶9、9∶16、1∶1 等。用户可以根据不同平台的需求，选择适合的比例，确保视频在各种设备上都能得到良好的展示效果。

不同比例的视频在观看和呈现效果上会有一些差异，16∶9 和 9∶16 是目前较为常见的两种比例。

图 4-30　比例工具栏

①16∶9（横屏）

适用场景：16∶9 比例通常用于横向观看视频，适合大多数电视、计算机和平板等设备的屏幕尺寸。这是传统电视和电影的常用比例。

视觉效果：由于宽度较大，可以展现更多的画面内容，适合展示广阔的风景、宏大的场面，以及多人或多物品的场景。

适用领域：广告、影视剧、纪录片等制作常用 16∶9 比例，它也是大多数社交媒体平台支持的标准比例。

②9∶16（竖屏）

适用场景：9∶16 比例适用于竖向观看视频，适合手机等竖屏设备的屏幕尺寸，是移动端视频的常用比例。

视觉效果：适合展示单个人物或物品的近景，突出细节和人物形象，特别适合展示人物剧情和短视频内容。

适用领域：在移动端社交媒体平台如抖音、快手、Instagram 等，9∶16 比例是最常用的，因为它适应了用户在手机上垂直观看的习惯。

在选择视频比例时，需要根据不同的平台和观众需求来决定。如果是针对移动端用户的短视频内容，9∶16 比例更为合适，可以更好地吸引用户的注意力；而如果是面向传统电视观众或需要展示广阔场景的内容，16∶9 比例则更加适用。

除了之前提到的 16∶9 和 9∶16 比例之外，还有其他常见的视频比例，它们各有特点和适用场景。

③1∶1（方形）

适用场景：1∶1 比例通常用于社交媒体平台上的图片和视频展示，如 Instagram 和 Facebook。适合展示单个主体或物品的近景，以及突出图片的内容和细节。

视觉效果：由于是正方形的，呈现内容的宽高一致，视觉上较为平衡，适合展示简洁明了的内容。

④4∶3（标准电视）

适用场景：4∶3 比例是传统标准电视的常用比例，虽然在现代媒体中使用较少，但在某些老旧电视设备和视频播放平台上仍然适用。

视觉效果：4∶3 比例较为方正，适合展示一般场景和对话，但相对于 16∶9 比例而言，视野较窄。

⑤3∶4（竖屏）

适用场景：3∶4 比例适用于竖向观看视频，类似于 9∶16 比例，但略微宽一些。适合某些竖屏设备的观看需求。

视觉效果：3∶4 比例适合展示单个人物或物品的近景，突出细节和人物形象。

⑥1.85∶1（宽屏）

适用场景：1.85∶1 比例常用于电影制作，是宽屏电影的一种标准比例。适合展示宽广的画面和宏大的场景。

视觉效果：1.85∶1 比例呈现宽屏效果，适合展示大尺寸的场景和宏大的画面。

⑦2∶1（宽屏）

适用场景：2∶1 比例也是宽屏电影的一种标准比例，适用于宽广画面和广阔场景的展示。

视觉效果：2∶1 比例呈现宽屏效果，较为适合展示大尺寸的场景。

⑧2.35∶1（超宽屏）

适用场景：2.35∶1 比例也是电影制作中常用的超宽屏比例，适合展示广阔的画面和宏大的场景。

视觉效果：2.35∶1 比例呈现超宽屏效果，适合展示宽广而独特的视觉效果。

在选择视频比例时，需要根据具体的使用场景和需求来决定。不同的比例可以呈现不同的视觉效果，并带给观众不同的观看体验，合理选择适合的比例可以更好地传达视频内容。

（30）背景：背景工具栏提供了多种背景颜色和背景图片，可以为视频创建不同的背景效果。用户可以选择单色或添加图片作为背景，使视频更加丰富多彩。

（31）调节：调节工具栏允许用户对视频进行亮度、对比度、饱和度等色彩参数的调整。用户可以根据视频的实际情况微调色彩，使画面更加清晰和鲜明。

（三）草稿管理

草稿管理是短视频制作过程中非常重要的一环，可以更高效地编辑和保存未完成或需要后续处理的视频素材。在剪映 App 中，草稿管理主要包括草稿的剪辑、模板和云备份。

（1）剪辑：如图 4-31 所示，未完成的短视频作品，在剪辑过程中，可能需要多次尝试不同的剪辑顺序、特效、音频等，而草稿的剪辑功能可以随时保存当前编辑进度，以便后续继续编辑或修改，其可以避免因意外关闭或退出编辑界面而丢失已经完成的部分，同时还可以随时调整和优化视频内容。

图 4-31　草稿的剪辑

（2）模板：剪映提供了多种预设模板，这些模板包含一系列已经设计好的效果和样式，可以快速制作出高质量的短视频。在使用预设模板时，可以根据自己的需求进行修改和编辑，而草稿的模板功能则允许在编辑过程中保存未完成的模板作品，以便后续继续编辑和调整（图 4-32）。

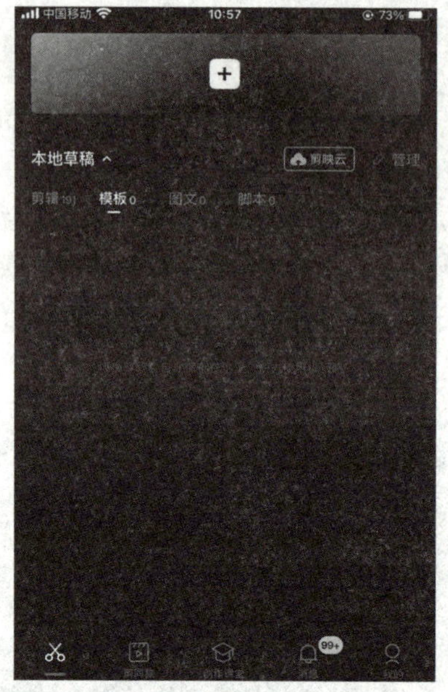

图 4-32　草稿的模板

（3）云备份：如图 4-33 所示，云备份是剪映提供的一项重要功能，可以将作品的草稿存储到云端服务器中，以防止因设备损坏或意外情况导致作品丢失。通过云备份，可以随时在不同设备上登录剪映账号，将之前编辑的草稿重新加载到编辑界面，继续编辑和创作。云备份功能还能保障作品数据安全，即使手机丢失或更换设备，也能轻松找回之前的编辑作品。

图 4-33　云备份界面

草稿管理功能的灵活运用，不仅可以提高视频制作的效率，还能保护创作作品。在短视频制作过程中，随时保存剪辑草稿和模板草稿，同时进行云备份，是保障创作顺利进行的重要一环。

二、视频剪辑准备工作

进行视频剪辑前的准备工作非常关键，它直接影响着视频的最终质量和效果。

（一）视频剪辑前的准备工作

1. 选题

选题是指确定视频内容的主题和方向。在选题时，要考虑目标受众的喜好和需求，选择能够引起观众兴趣的内容。同时，还要考虑视频的宣传目的和所处的传播平台，确保选题与平台或品牌形象相符。

2. 写脚本

脚本是视频制作的基础，是视频内容和故事情节的文字描述。在写脚本时，要清楚地规划每个镜头的内容和顺序，确定视频的起承转合，确保故事结构完整合理。脚本还应包括角色对话和必要的文字解说，以帮助观众理解视频内容。

3. 设计分镜头

分镜头是指将脚本中的每个镜头进行细化和设计，包括镜头类型、镜头角度、镜头运动等。设计分镜头有助于在拍摄和剪辑时更好地控制视频内容和节奏，确保视频的连贯性和吸引力。

4. 视频拍摄

视频拍摄是准备工作中最重要的环节。在拍摄过程中，要根据脚本和分镜头的设计进行实际操作，确保每个镜头都能实现预期效果。在拍摄时，要注意光线、音频、稳定性等因素，确保拍摄素材的质量。

在完成以上准备工作后，才能进入视频剪辑阶段。准备工作的充分筹备和细致规划，能够为视频剪辑提供更好的素材和基础，从而制作出更具有吸引力和影响力的短视频作品。

（二）剪辑方法

剪辑是视频制作的重要环节，运用合理的剪辑方法可以将原始素材组织成一部完整、有逻辑性和吸引力的视频作品。剪辑分为粗剪和精剪两个阶段。

1. 粗剪

粗剪是指在导入素材后，快速进行基础编辑，搭建视频的整体结构和内容框架。粗剪有四个基础操作。

（1）拖拽：如图 4-34 所示，将素材从媒体库中拖动到时间轴上，形成视频的基本结构。

图 4-34　拖拽

（2）分割：如图 4-35 所示，将一个视频或音频素材在时间轴上切割成多个片段，方便进行精细调整。

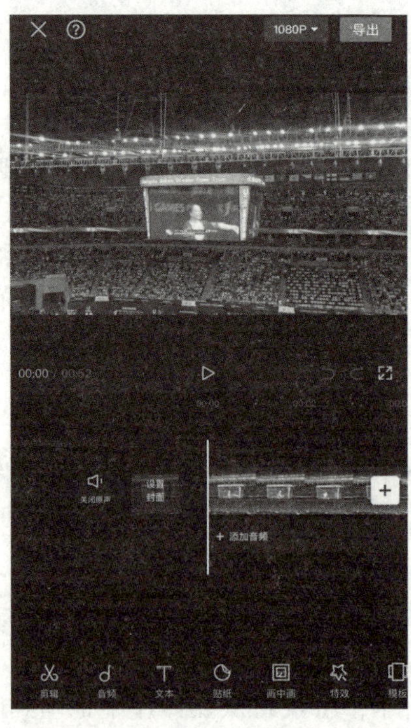

图 4-35　分割

（3）删除：如图 4-36 所示，去除多余或不需要的素材片段，保留精华部分。

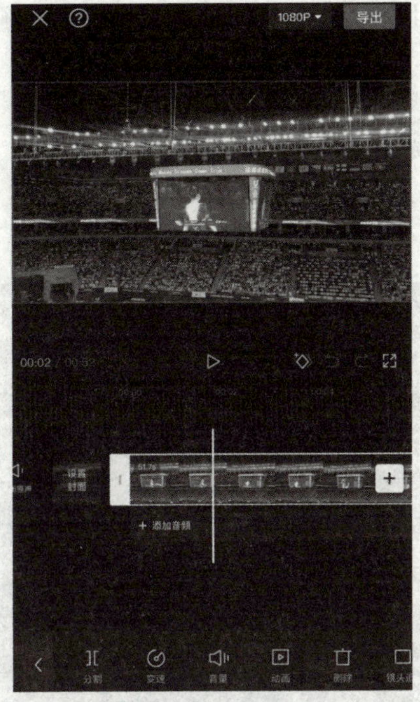

图 4-36　删除

（4）排序：如图 4-37 所示，调整素材片段的顺序，确保视频的逻辑性和连贯性。

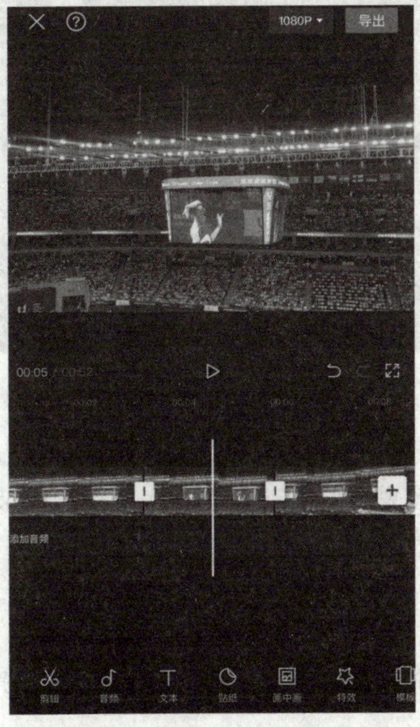

图 4-37　排序

2. 精剪

精剪是指在粗剪的基础上进行更细致的编辑，以提升视频的质量和观赏性。精剪有以下注意事项：

（1）调整剪辑精度：如图 4-38 所示，通过微调素材的入点和出点，确保每个镜头或音频的开始和结束都恰到好处，不显得拖沓或突兀。

（2）大于 4 帧：在进行剪辑时，尽量避免切换时间过短，通常大于 4 帧的切换效果更加自然和舒适。

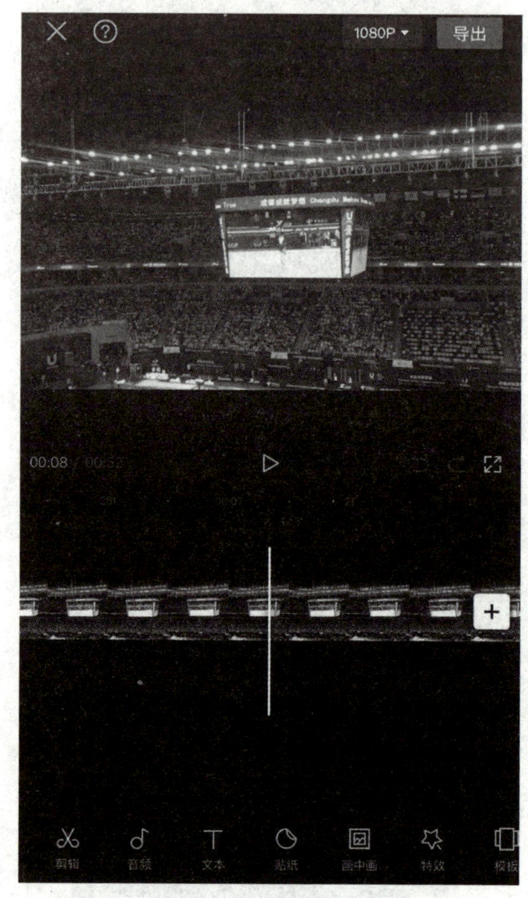

图 4-38　微调剪切精度

在剪辑过程中，还可以运用一些过渡效果和特效，如淡入淡出、闪白、动态缩放等，来提升视频的吸引力和视觉效果。同时，要注意保持视频的节奏感和情节连贯性，确保能够把故事情节顺畅地传达给观众。

（三）插入音频

插入音频是短视频制作中的重要步骤，可以为视频增色添彩，提升观赏体验。插入音频有三种常用方法。

1. 添加音乐

如图 4-39 所示，在剪辑过程中，可以选择合适的背景音乐来营造氛围。通常情况下，剪辑软件内置了一些音乐库，可以从中选择适合视频内容和风格的音乐。将音乐拖拽到时间轴上的音频轨道上，调整音量大小和音频的起始位置，使其与视频内容完美融合。

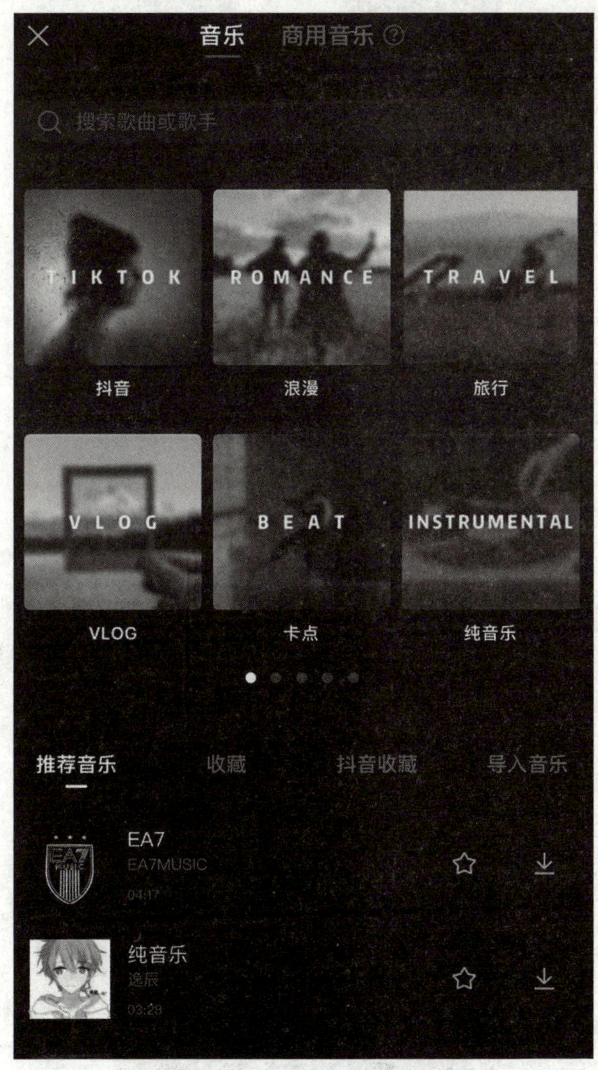

图 4-39 音乐

2. 添加音效

如图 4-40 所示，添加音效是为了增强视频中特定场景的真实感和冲击力。例如，悬念、转场、打斗、自然声音等都可以通过添加音效来加强效果。剪辑软件通常会提供一些常用的音效库，可以在其中找到合适的音效并添加到相应的时间轴位置。

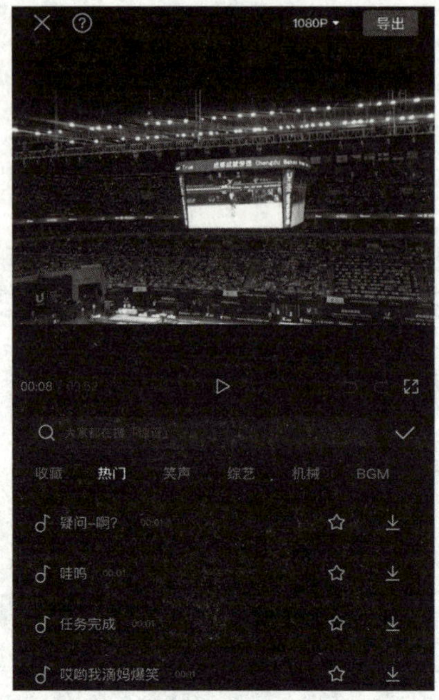

图 4-40　音效

3. 录音

如图 4-41 所示，如果视频中需要自定义的音频，如旁白、解说、原创音乐等，可以通过剪辑软件内置的录音功能录制音频。选择“录音”选项，按下录制按钮，进行录音，并将录制的音频保存在媒体库中，然后将录制好的音频拖拽到时间轴上的适当位置使用。

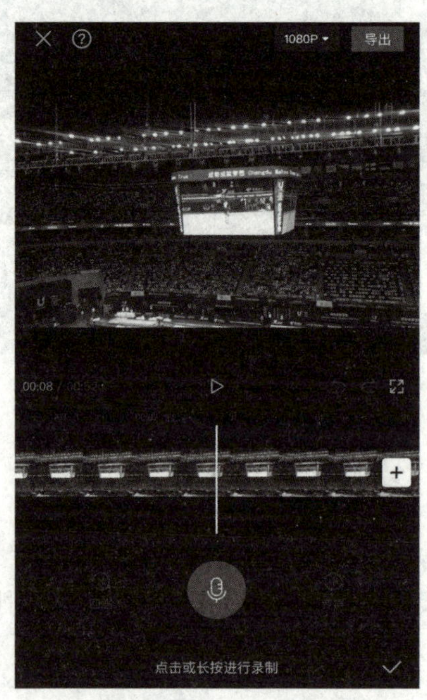

图 4-41　录音

在插入音频时，需要注意音频与视频的时长和内容的协调，确保音频和视频的节奏和内容相符。此外，要合理调整音量大小，避免音频过大或过小，影响观众的听觉体验。

（四）淡入淡出

如图 4-42 所示，音频剪辑中的淡入淡出是一种常用的音频处理技巧，用于平滑地将音频的开始部分和结束部分渐变地淡入和淡出，使音频的切换更加自然和流畅，避免音频的突兀感。淡入淡出通常可以在音频剪辑软件中简单实现。

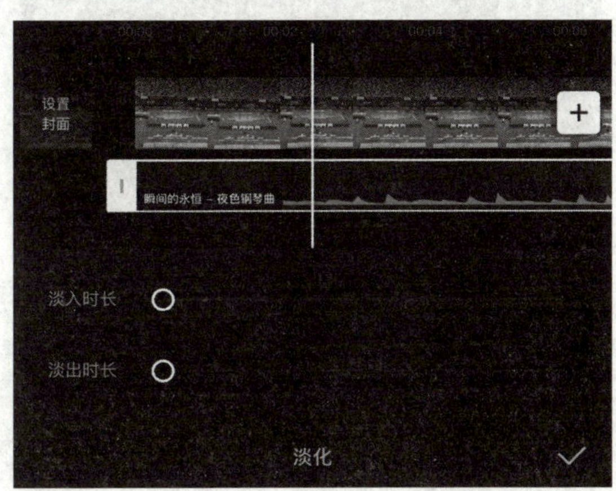

图 4-42　淡入淡出

1. 淡入效果

淡入是指音频从无声开始逐渐增大音量的过程。通过淡入，可以使音频从静默开始，逐渐变大，过渡更加柔和。淡入可以为视频开头的音频增添一种平缓的过渡效果，使观众在开始时不会感到突兀。

2. 淡出效果

淡出是指音频从一定音量开始逐渐减小，最终变为无声的过程。通过淡出，可以使音频在结束时逐渐减小音量，过渡更加自然。淡出可以为视频的结尾部分增加一种缓和的效果，避免音频突然停止带来生硬感。

3. 音频的淡入淡出处理

（1）选中需要添加淡入或淡出效果的音频段；

（2）在工具栏或右键菜单中找到淡入淡出选项；

（3）选择淡入淡出的时间和效果，通常可以选择线性淡入淡出或指数淡入淡出；

（4）确定后，音频段的开始和结束部分将会被自动添加淡入淡出效果。

值得注意的是，淡入淡出的时间可以根据视频内容和需要进行调整。过长或过短的淡入淡出时间可能会导致过渡效果不理想，因此需要灵活地根据实际情况进行调整。

合理运用淡入淡出效果，可以提升短视频的观赏体验，使音频和视频的过渡更加平滑和自然。

（五）变速效果

如图 4-43 所示，在短视频制作中，变速效果是一种常用的剪辑技巧，可以改变视频的播放速度，从而达到加快或减慢视频节奏的效果。剪映提供了两种变速方式：常规变速和曲线变速。

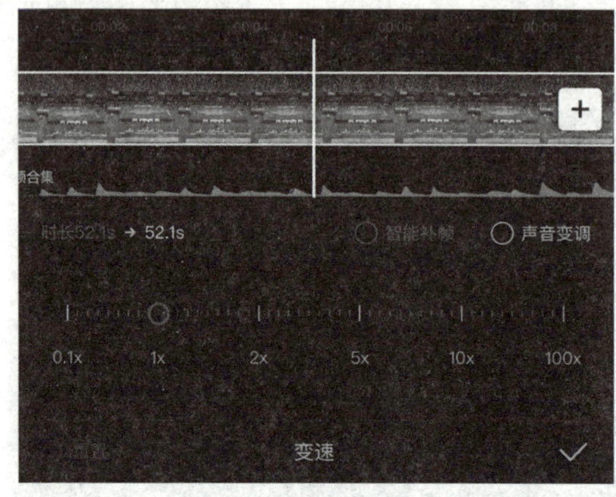

图 4-43　变速效果

1. 常规变速

常规变速是一种简单的变速方式，通过在剪辑时间轴上对视频进行拉伸或收缩来改变视频的播放速度。常规变速可以让视频的播放速度变得更快或更慢，使画面呈现出不同的效果。在剪映中，可以选择常规变速并设置想要的播放速度，如 2 倍速、0. 5 倍速等。

2. 曲线变速

如图 4-44 所示，曲线变速是一种更加灵活和精细的变速方式，可以让视频的播放速度在剪辑过程中逐渐变化，从而创造更加生动和有趣的效果。在剪映中，可以使用曲线变速工具来自由地调整视频的播放速度曲线，实现从快速播放到慢动作的平滑过渡。

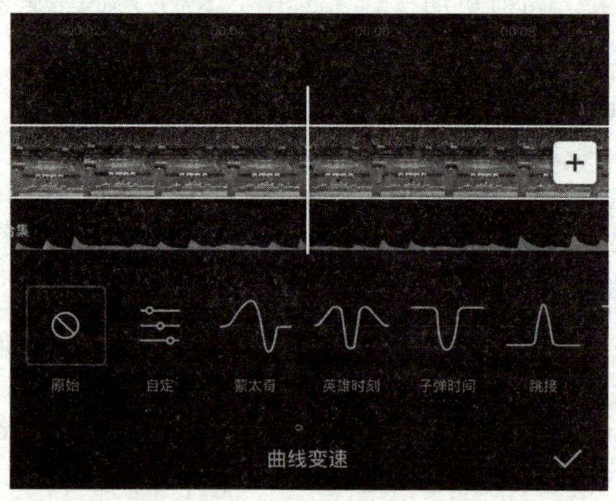

图 4-44　曲线变速

在剪映中，曲线变速提供了多种特殊效果，可以创造出独特和引人注目的视频剪辑。下面介绍剪映中的六种曲线变速方式。

（1）蒙太奇。蒙太奇是一种经典的剪辑技巧，通过将多个镜头快速切换和交替播放，使得画面呈现出一种快速而连贯的节奏感。蒙太奇可以用于展示事件的连续发展或人物的行动过程，常用于动作片或快节奏的视频剪辑。

（2）英雄时刻。英雄时刻是一种将视频播放速度在关键镜头突然放慢，从而突出关键时刻或重要画面的技巧。这种变速方式可以用于展现精彩瞬间，增强戏剧性和冲击力。

（3）子弹时间。子弹时间是一种使视频播放速度在特定镜头快速减缓，从而产生“子弹时间”慢动作效果的技巧。这种效果可以使得一些平凡的动作变得华丽而炫酷，常用于动作、枪战场面的处理。

（4）跳接。跳接是一种在视频中突然跳跃到其他时间点的效果，常用于回顾或回忆的场景。通过跳接，可以创造出回忆闪回的效果，提升视频的复杂度。

（5）闪进。闪进是一种将视频从黑屏中突然闪现出来的效果，常用于开头或重要场景的引入。这种效果可以吸引观众的注意力，使得视频更具吸引力和张力。

（6）闪出。闪出是一种将视频突然转变为黑屏的效果，常用于结尾或高潮场景的处理。通过闪出，可以让观众在高潮过后留下一些余韵，增强视频的冲击力和印象。

3. 如何使用变速效果

（1）导入想要编辑的视频素材到剪映中；

（2）将视频素材拖放到时间轴上，选中要添加变速效果的视频段；

（3）点击工具栏中的“变速”按钮，进入变速编辑界面；

（4）对于常规变速，可以选择预设的倍速，也可以手动输入想要的播放速度；

对于曲线变速，可以在时间轴上调整曲线的形状，控制视频播放速度的变化。

在进行变速效果的编辑时，需要注意合理运用变速来实现想要表现的效果。快速的变速可以用于增强紧张感或节奏感，而慢动作则可以用于突出某些重要镜头或表现细节。合理运用常规变速和曲线变速，可以创造出更加有趣和富有创意的短视频作品。

（六）画中画

在剪映中，运用画中画效果可以在视频中插入一个小画面或图片，使画面更加丰富和生动。以下是在剪映中制作画中画效果的步骤。

1. 新增画中画

首先，如图 4-45 所示，点击剪映界面的“新增画中画”按钮，将想要插入的视频素材或图片选中并上传。

2. 拖拽至时间轴

将导入的素材拖拽到时间轴上，确定它的位置和时长。可以通过调整时间轴上素材的位置和长度来控制画中画的出现时机和持续时间。

3. 调整画中画的位置和大小

选中时间轴上的画中画素材，点击屏幕右侧的“画中画”按钮。在弹出的窗口中，可

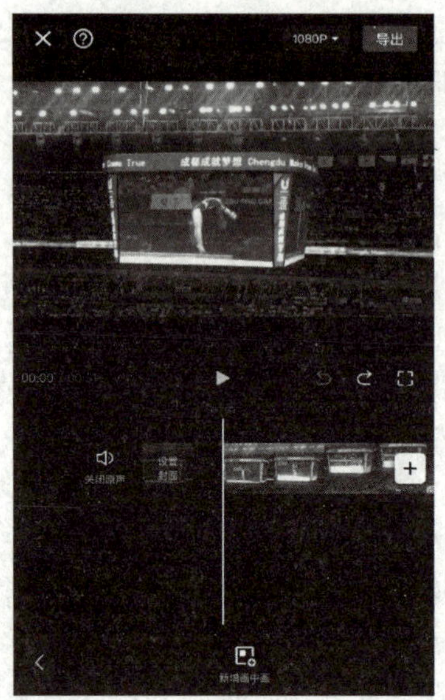

图 4-45　导入素材形成画中画效果

以通过拖拽和缩放来调整画中画的位置和大小。同时，还可以选择画中画的动画效果，比如淡入淡出或从左至右移动等。

4. 调整画中画的层级

如果视频中有多个画中画素材，可以通过调整它们的层级来确定显示的优先级。选中时间轴上的画中画素材，点击“层级”按钮，在弹出的窗口中调整层级顺序。

5. 预览和导出

完成画中画的制作后，点击预览按钮查看效果。如果满意，点击导出按钮将视频保存或分享出去。

画中画在剪映中非常简单易用，可以提升视频的趣味性和视觉效果。在使用画中画时，要注意保持画面的整体协调和流畅，避免画中画素材过多或过大，从而影响观看体验。

（七）字幕

在剪映中，为视频增加字幕或歌词等文字信息，可以更好地表达视频内容或增强观众的理解和体验。在剪映中添加字幕有以下几个步骤：

1. 新建文本

如图 4-46 所示，点击剪映界面右下角的“T”按钮，即可在视频中新建一个文本层。在文本编辑框中输入想要展示的文字内容，并根据需要调整文本的字体、大小、颜色和位置等属性。

图 4-46　文本按钮

2. 识别字幕

如图 4-47 所示，如果视频中已经有字幕，剪映也提供自动识别字幕的功能。点击“T”按钮后，选择“识别字幕”，剪映会自动识别视频中的字幕文本，然后对字幕进行编辑和样式调整。

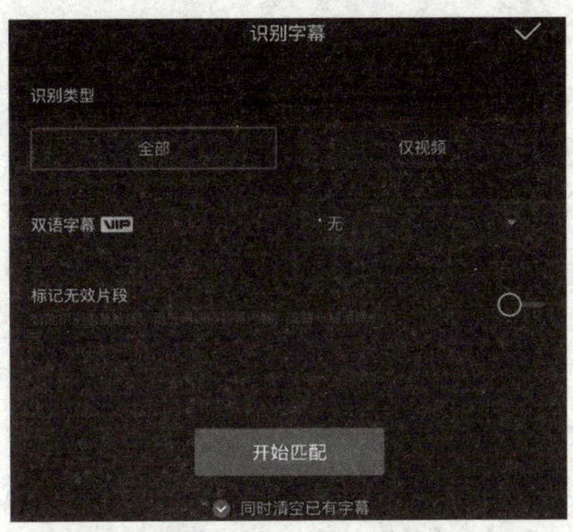

图 4-47 识别字幕

3. 文本样式调整

如图 4-48 所示，对于添加的文本，可以通过点击文本层，进入文本编辑框来调整字体、大小、颜色、对齐方式等样式属性。还可以通过拖拽文本层来调整文本在视频中的位置和持续时间。

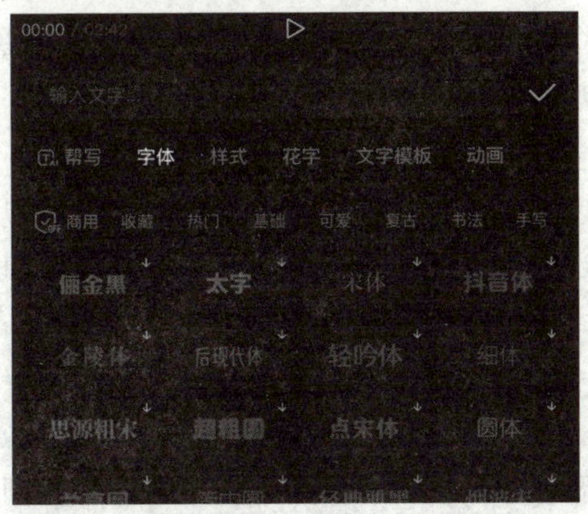

图 4-48 文本样式

4. 多个文本叠加

剪映允许在视频中添加多个文本层，可以通过多次点击“T”按钮，分别添加不同的文本，并在时间轴上调整它们的出现时机和时长。

5. 预览和导出

完成文本的编辑后，可以点击预览按钮查看效果。如果满意，即可点击导出按钮将视频保存或分享出去。

在使用添加文本功能时，要注意文本的内容要简洁明了，字体和颜色要与视频风格相匹配，避免文字过多或过长导致视觉混乱。巧妙地运用文本，可以增强视频的表现力和吸引力，让观众更好地理解和欣赏作品。

（八）贴纸

剪映的贴纸功能是一种可以在视频上添加各种图标、表情、标签、动画等视觉元素的特性，它可以为短视频增色许多，让作品更加生动有趣。以下是在剪映中使用贴纸功能的简要步骤。

1. 添加贴纸

在剪映的编辑界面中，点击右下角的“+”按钮，在弹出的选项中选择“贴纸”。剪映提供了各种类型的贴纸，包括表情、文字、形状、动画等，可以根据需要选择合适的贴纸。

2. 调整贴纸位置和大小

一旦添加了贴纸，它会出现在视频的时间轴上，可以通过拖动贴纸在视频中的位置来调整其出现的时间。同时，通过双指缩放手势可以调整贴纸的大小，使其更加适应视频的内容。

3. 贴纸样式调整

剪映允许对贴纸进行样式调整，包括旋转、镜像、透明度、色调等属性，可以通过点击贴纸来进入编辑框，然后调整这些属性以实现想要的效果。

4. 多个贴纸叠加

可以在视频中添加多个贴纸，使视频更加丰富多彩。可以通过多次点击“+”按钮来添加不同类型的贴纸，并在时间轴上调整它们的出现时机和持续时间。

5. 动画贴纸

除了静态贴纸，剪映还提供了一些动画贴纸，它们可以在视频中产生特殊效果。选择动画贴纸，然后调整其出现和消失的时机，能使视频更具动感和趣味。

6. 预览和导出

在添加和调整贴纸后，点击预览按钮来查看效果。如果满意，即可点击导出按钮将视频保存或分享出去。

在使用贴纸功能时，要注意贴纸的风格要与视频内容相协调，不要过度使用贴纸，以免影响观众的观看体验。巧妙地运用贴纸，可以为视频增色，让作品更加生动有趣，吸引更多观众的关注。

（九）滤镜

如图 4-49 所示，剪映的滤镜功能是一种可以为视频添加特定效果和风格的工具，可以调整视频的色调、亮度、对比度等参数，从而营造出不同的氛围。在剪映中使用滤镜功能有以下简要步骤。

图 4-49 滤镜

1. 添加滤镜

在剪映的编辑界面中，点击右下角的“+”按钮，在弹出的选项中选择“滤镜”。剪映提供了各种风格的滤镜，如清新、复古、黑白、明亮等，可以根据视频内容和主题选择合适的滤镜效果。

2. 调整滤镜强度

一旦添加了滤镜，它就会直接应用到视频上。可以通过滑动滤镜强度的调节条来控制滤镜强度，从而让滤镜效果更加符合需求。

3. 多个滤镜叠加

如果希望为视频添加多种滤镜效果，则剪映支持多个滤镜的叠加。可以依次添加不同的滤镜，并调整它们的强度，以获得最终满意的效果。

4. 预览和导出

在添加和调整滤镜后，可以点击预览按钮来查看效果。如果满意，即可点击导出按钮将视频保存或分享出去。

使用滤镜功能可以为视频增加不同的色彩和氛围，让视频更加具有视觉冲击力和吸引力。然而，要注意不要过度使用滤镜，以免影响视频的质感和内容表达。巧妙地运用滤镜，可以让视频更加吸引人，提升观众的关注度和喜爱程度。

（十）特效

特效是一种可以为视频增加各种视觉效果和动感的功能。特效可以使视频更加生动、吸引人，能营造出不同的氛围。在剪映中使用特效功能有以下步骤：

1. 添加特效

在剪映的编辑界面中，点击右下角的“+”按钮，在弹出的选项中选择“特效”。剪映提供了多种特效选项，包括基础、梦幻、动感、复古、Bling、光影、纹理、漫画、分屏、自然、边框等，可以根据视频内容和需要选择合适的特效效果。

2. 调整特效参数

一旦添加了特效，它就会直接应用到视频上。可以通过调整特效的参数来控制特效的强度和效果，从而使其更符合需求。

3. 多个特效叠加

剪映支持多个特效的叠加，可以依次添加不同的特效，并调整它们的参数，以获得最终满意的效果。

4. 预览和导出

在添加和调整特效后，可以点击预览按钮来查看效果。如果满意，即可点击导出按钮将视频保存或分享出去。

使用特效功能可以让视频更加生动有趣。然而，要注意不要过度使用特效，以免影响视频的质感和内容表达。巧妙地运用特效，可以使视频更具创意和吸引力，让观众对视频留下深刻印象。

（十一）裁剪工具

剪映提供了强大的裁剪工具，以满足视频编辑的需求，如图 4-50 所示。裁剪工具的主要功能有以下几点。

图 4-50　裁剪工具

1. 重新构图

选择要裁剪的视频片段或图片素材后，进入裁剪界面，可以通过拖动素材框来重新构图，调整素材的位置和大小，以获得更好的视觉效果。

2. 裁剪框

裁剪界面上有一个可调整的裁剪框，可以通过拖动裁剪框的边缘来调整素材的大小，也可以拖动裁剪框本身来移动素材的位置。通过调整裁剪框，可以裁剪掉不需要的画面或调整素材的显示比例。

3. 旋转素材

裁剪界面提供了旋转按钮，点击即可将素材旋转 90 度，实现不同角度的展示效果。这对于调整素材方向或实现特殊效果非常有用。

4. 裁剪比例

裁剪界面允许选择不同的裁剪比例，例如 16∶9、1∶1、9∶16 等。选择不同的比例可以让视频或图片适应不同的平台和播放需求，使素材展现更加美观。

裁剪工具可以轻松调整素材的大小和位置，重新构图，使素材更符合创意和要求。裁剪功能在短视频制作过程中非常重要，可以帮助实现更多创意和表现方式。然而，要注意适度使用，避免过度裁剪导致画面失真或内容不完整。

（十二）粒子消散效果

如图 4-51 所示，粒子消散效果可以为视频标题增强动感和视觉吸引力。剪映制作短视频标题使用粒子消散效果有以下步骤。

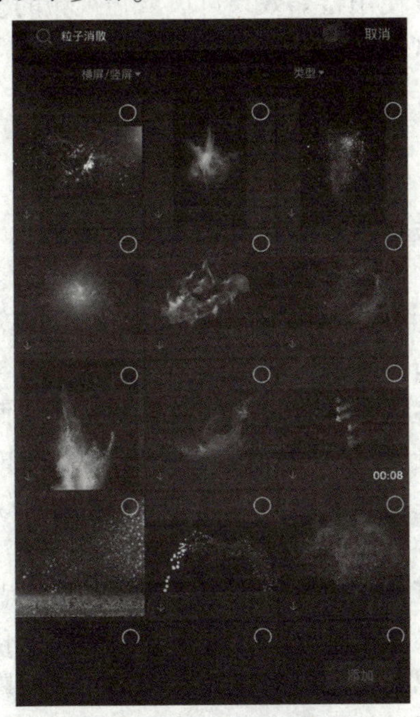

图 4-51 粒子消散效果

1. 导入素材

将需要用到的视频素材和标题导入剪映项目中，点击“导入”按钮，选择要使用的视频文件和标题，将它们添加到剪映的时间轴中。

2. 添加标题

在时间轴上选择一个合适的位置，点击屏幕底部的“文字”按钮，在文本编辑器中输入想要的标题文本。可以调整字体、颜色、大小等属性，确保标题符合设计需求。

3. 应用粒子特效

在时间轴上选择刚刚添加的标题文本，点击屏幕底部的“特效”按钮。在特效菜单中，选择“粒子”选项，然后会弹出多个不同样式的粒子特效。

4. 调整粒子参数

在粒子特效菜单中，可以调整粒子的属性，如粒子的大小、速度、颜色等。根据需要调整这些参数，使粒子效果符合创意。

5. 预览和调整

在应用粒子特效后，可以点击预览按钮来查看整个视频的效果。如果需要调整粒子特效的参数，可以返回到粒子特效菜单进行修改。

6. 导出视频

当完成所有的编辑和调整后，点击导出按钮，选择适当的输出设置，剪映会生成并导出编辑好的短视频标题粒子消散效果。

使用剪映的短视频标题粒子消散效果可以让视频标题更加炫酷和吸引人，给观众留下深刻印象。不过要注意，适度使用特效效果可以增强视频的艺术感，但过度使用可能会让视频显得杂乱，影响观众的观看体验。因此，建议根据实际需要和视频内容来决定是否使用粒子消散效果以及使用的样式和参数。

（十三）卡点视频

卡点是一种短视频制作技巧，运用剪映这款视频编辑工具，可以很容易地制作出富有冲击力和节奏感的卡点视频。卡点视频是一种强调音乐节奏和镜头切换的短视频制作风格。在卡点视频中，可以通过快速剪辑不同镜头，使每个镜头的时长通常只有几帧或几秒，来营造强烈的冲击感和节奏感。这种视频制作方式常常与动感的音乐配合，使视频画面和音乐节奏完美契合，产生视觉和听觉上的双重冲击，从而吸引观众的注意力。

卡点视频的制作强调精准的节奏感和切换频率。在音乐的高潮部分快速切换镜头，使画面跟随音乐节奏的变化，能增强视频的动感和张力。每个镜头的选择和时长都是精心设计的，以确保在短暂的时间内，能够表现出视频的主题，并让观众对视频产生共鸣。

在卡点视频中，音乐起着至关重要的作用。音乐不仅是背景，更是视频的灵魂。卡点视频的剪辑必须与音乐的节奏紧密结合，让音乐和画面的变化相互呼应，形成完美的视听体验。音乐的节奏和曲调可以决定剪辑的速度和情感，从而影响整个视频的效果。

卡点视频是一种视觉和听觉的盛宴，通过精准的剪辑和音乐的配合，能呈现出强烈的节奏感和冲击力，让观众在短暂的时间内得到视觉和情感的双重满足。这种视频制作风格特别适合各类短视频平台，能够吸引更多观众的关注和点赞。但同时也需要注意，在制作过程中要保持视频的逻辑性和流畅性，不要过分追求效果而忽略了视频的整体质量和表达能力。

利用剪映制作卡点视频有以下步骤：

1. 选题与策划

首先确定要制作的卡点视频的主题和内容。卡点视频通常以一个主题为线索，通过快速剪辑不同镜头来展现高潮和节奏感，吸引观众的注意力。因此，在策划阶段要确定要表达的核心信息，以及要使用的素材和特效。

2. 导入素材

将准备好的视频素材导入剪映中。视频素材可以是拍摄的原始视频，也可以是从网络上下载的素材。无论何种素材，都要确保素材的质量和内容与之前确定的主题相符。

3. 粗剪与选取

在剪映中进行粗剪，即选取合适的镜头，按照时间顺序将它们排列在时间轴上。卡点视频的特点是节奏快速和高频率的镜头切换，因此要选取有冲击力和节奏感的镜头。

4. 添加特效

剪映提供了多种特效和转场效果，可以使用这些特效来增强视频的动感和冲击力。比如快速切换、缩放、变速等特效都可以用来制作卡点视频。

5. 配音和音效

可以选择合适的音乐或音效来配合视频，增强视频的氛围和节奏感。音乐的选择要与视频内容相呼应，营造与主题相符的氛围。

6. 细剪与调整

在粗剪的基础上，进行细剪和调整，能确保每个镜头的时长和顺序达到预期效果。可以通过调整镜头时长、添加转场效果、修改特效等方式来优化视频的节奏和流畅度。

7. 预览和修改

在编辑过程中，可以随时预览视频效果，根据需要进行修改和调整，直到获得满意的效果为止。

8. 导出视频

当完成所有编辑和调整后，可以点击导出按钮，选择适当的输出设置，然后剪映会生成并导出编辑好的卡点视频。

（十四）手机短视频分辨率调整

手机的 4K 分辨率和高清规格是两种常见的屏幕分辨率标准，它们影响着手机显示屏的画质和图像清晰度。

1. 4K 分辨率

4K 分辨率通常指 3840×2160 像素，也称为“2160p 分辨率”。它是一种超高清（Ultra

HD）分辨率，具有更高的像素密度和更清晰的图像细节，相较于传统的高清规格有更高的显示质量。

4K 分辨率在手机上表现为非常清晰、细腻的画面，适用于观看高质量的视频内容和图片。同时，4K 分辨率还可以在编辑和处理视频时提供更多的细节和空间，使得视频制作更加精细。

2. 高清规格（HD）

高清规格通常指 1920×1080 像素，也称为“1080p 分辨率”。它是一种广泛应用于手机、电视和计算机显示屏的高分辨率标准，已经成为视频内容的主流分辨率。高清规格在手机上表现为清晰、锐利的画面，可以提供良好的观看体验。大多数手机和电视节目、在线视频平台都支持高清视频播放，可以让用户轻松享受高质量的媒体内容。

在选择手机时，分辨率是一个重要的考虑因素，因为它直接影响手机显示效果和视觉体验。4K 分辨率相比高清规格具有更高的分辨率和更出色的画质，但也意味着更高的能耗和处理要求。用户可以根据个人需求和预算来选择适合自己的分辨率规格，以获得最佳的手机使用体验。

3. 具体步骤

（1）iPhone 调整分辨率的步骤。在 iPhone 上调整分辨率是一项重要操作，可根据不同需求和场景选择合适的分辨率。苹果手机提供简便方式进行分辨率设置，如图 4-52 所示，其步骤如下：

图 4-52　iPhone 分辨率设置

打开“设置”：在主屏幕找到并点击“设置”图标，通常为齿轮状。

选择“相机”：在设置界面下滑，进入“相机”。

选择“格式”：在相机设置界面，找到“格式”选项，进入后有两个主要选项，即高效和最兼容。

选择分辨率：在“相机分辨率”下，可看到不同选项，如4K、1080p、720p，选项代表不同分辨率级别。如图4-53所示，根据需求，选定分辨率。高分辨率能提供清晰的画面，但占用更多存储空间。

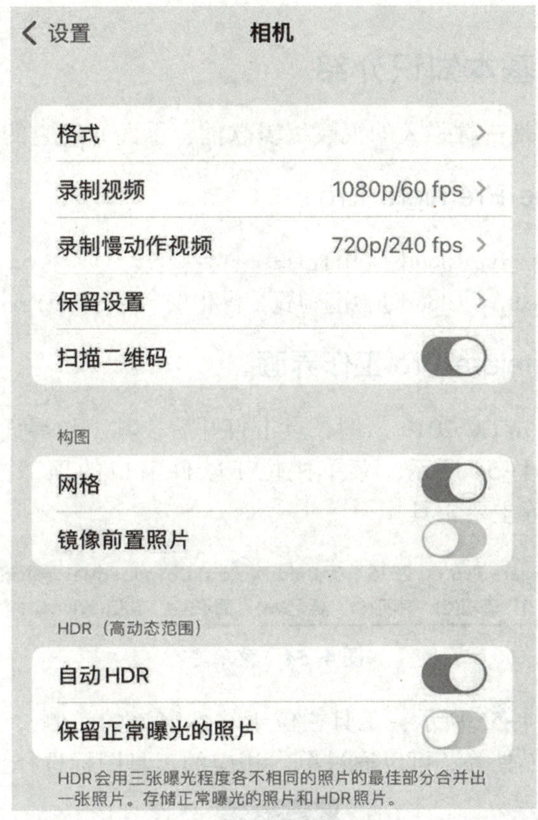

图4-53　分辨率设置界面

保存设置：选定分辨率后，点击“返回”或类似选项，设置将自动保存。

分辨率的调整影响照片、视频的质量和文件的大小，因此，选择何种分辨率取决于格式需求，如是否打印照片、是否用大屏播放视频等。

（2）安卓手机调整分辨率的步骤。其步骤如下：

打开“设置”：在安卓手机主屏幕上找到并点击“设置”图标，通常是一个齿轮形状的图标。

进入“显示”设置：在“设置”界面中，找到并点击“显示”或“显示与亮度”选项，具体名称可能因手机品牌和系统版本不同而有所差异。

找到“分辨率”选项：在“显示”设置界面中，浏览下拉菜单或页面，寻找“分辨率”或类似名称的选项。

选择适当的分辨率：点击“分辨率”选项后，会显示多个分辨率选项，如“高清”“标准”等，可选择符合需求的分辨率选项。

确认并重启手机：确认所选择的分辨率后，点击“应用”或“确认”按钮，手机会提示重新启动设备以应用分辨率更改，点击“重启”或按照系统提示重新启动手机。

第十二节　Adobe Premiere Pro 操作技巧

一、Premiere 基本知识介绍

Adobe Premiere Pro 是一款强大的视频编辑软件，下面介绍它的基本操作和工作界面。

（一）安装 Adobe Premiere Pro

（1）下载 Adobe Creative Cloud 应用程序。

（2）使用 Adobe Creative Cloud 应用程序下载和安装 Adobe Premiere Pro 。

（二）Adobe Premiere Pro 工作界面

以 Adobe Premiere Pro CC 2019 为例，点击打开后，其工作界面包括以下主要组件：

（1）菜单栏。如图 4-54 所示，菜单栏位于软件窗口的顶部，包含文件、编辑、剪辑、序列、标记、图形等主要工具。

Adobe Premiere Pro CC 2019 - D:\BaiduNetdiskDownload\PR素材储存\未命名.prpr
文件(F)　编辑(E)　剪辑(C)　序列(S)　标记(M)　图形(G)　窗口(W)　帮助(H)

图 4-54　菜单栏

（2）工具栏。如图 4-55 所示，工具栏位于软件窗口的左侧，包含多个工具，如选择工具、剪切工具、文字工具等。可以通过单击相应的工具图标选择工具。

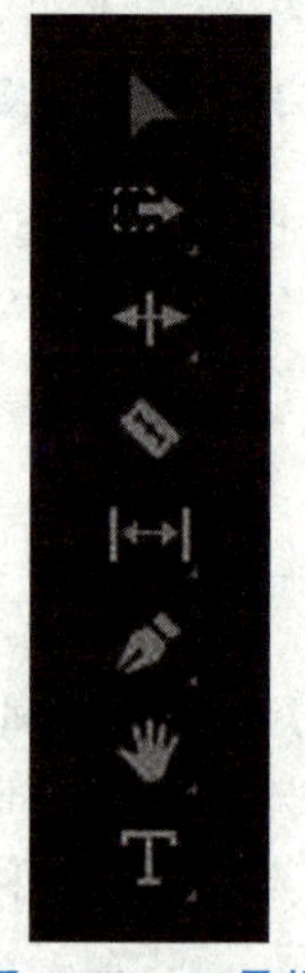

图 4-55　工具栏

（3）监视器面板。如图 4-56 所示，监视器面板位于软件窗口的中间，分为源监视器和程序监视器。源监视器用于预览素材，程序监视器用于预览当前编辑的视频。

图 4-56 监视器面板

（4）项目面板。如图 4-57 所示，位于软件窗口的左下角，用于管理导入项目中的素材文件，如视频、音频、图片等。

图 4-57 项目面板

（5）时间线面板。位于软件窗口的底部，用于按时间轴顺序排列和编辑素材，构建视频项目。

（6）效果控制面板。如图 4-58 所示，位于软件窗口的右侧，用于调整选择素材的属性和效果。

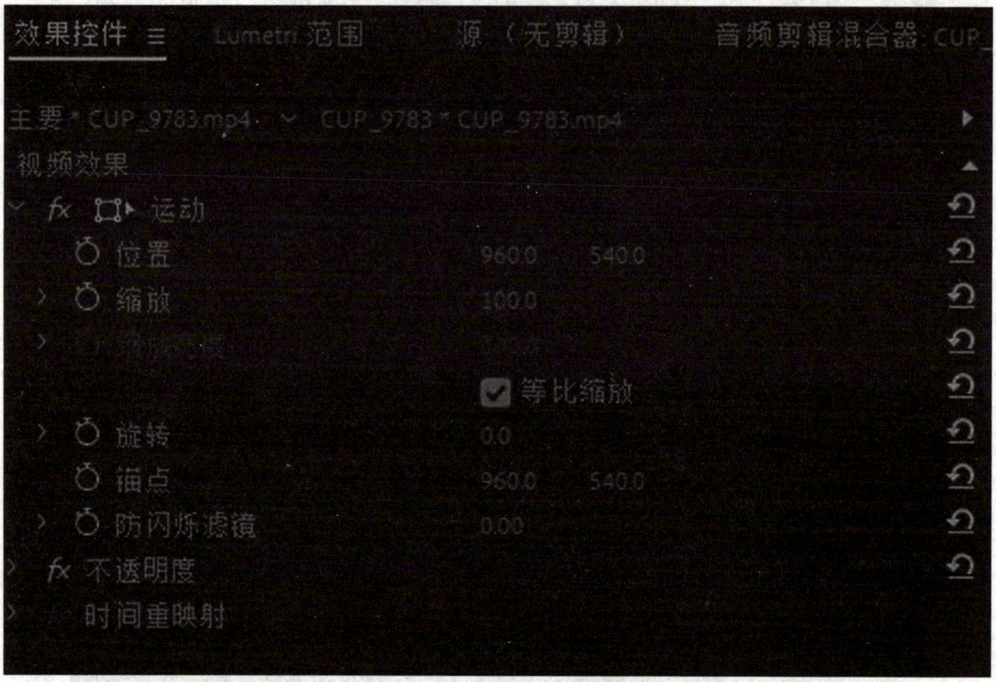

图 4-58　效果控制面板

（三）新建项目

如图 4-59 所示，打开 Adobe Premiere Pro 后，会显示“开始”窗口。

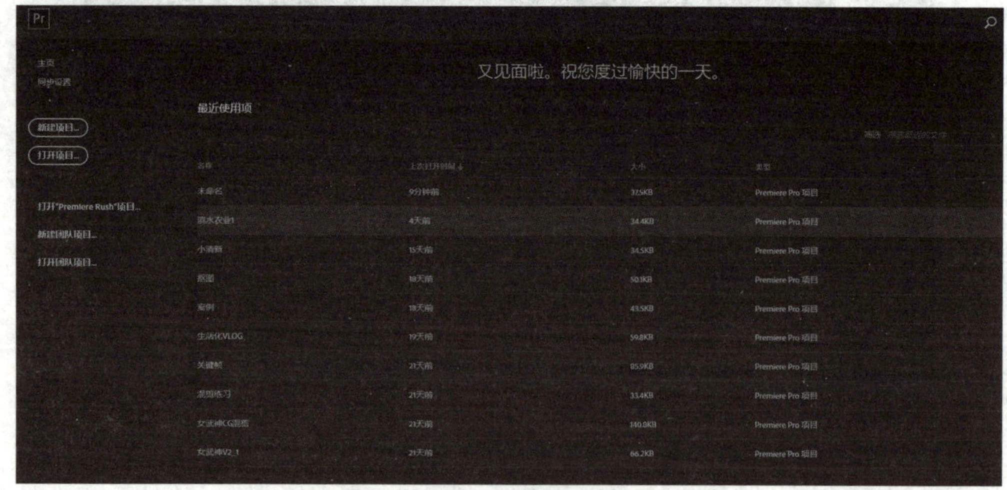

图 4-59　新建项目

（1）在“开始”窗口中，可以选择“新建项目”。

（2）在“新建项目”对话框中，可以设置项目名称、位置和预设（可根据需要选择预设或自定义设置)。

(3) 点击“确定”创建新项目。

(四) 打开项目

(1) 启动 Adobe Premiere Pro 后，会显示“开始”窗口。

(2) 在“开始”窗口中，可以选择“打开项目”。

(3) 导航到之前保存的项目文件位置，选择项目文件并点击“打开”。如图 4-60 所示。

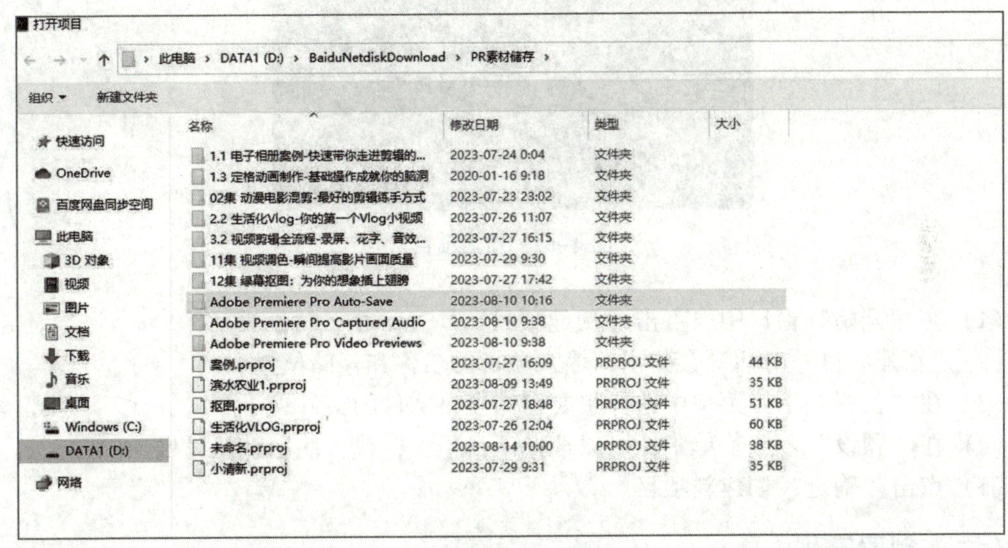

图 4-60　打开项目

(五) 快速进行项目操作

(1) 在“项目面板”中，右键点击素材文件，可以进行剪切、复制、删除等操作。

(2) 在“时间线面板”中，拖拽素材到不同轨道，可以调整素材在时间轴上的顺序。

(3) 在“时间线面板”中，选择素材后，可以使用键盘快捷键剪切、复制、粘贴等。

(4) 在“效果控制面板”中，可以调整选定素材的属性和效果，如亮度、对比度、模糊等。

(5) 在“监视器面板”中，可以使用标记工具标记关键帧或重要片段。

(6) 在“菜单栏”中，可以执行导出视频、保存项目等操作。

(六) 新建项目

当启动 Adobe Premiere Pro 并打开“开始”窗口后，可以按照以下步骤创建项目文件和序列，如图 4-61 所示。

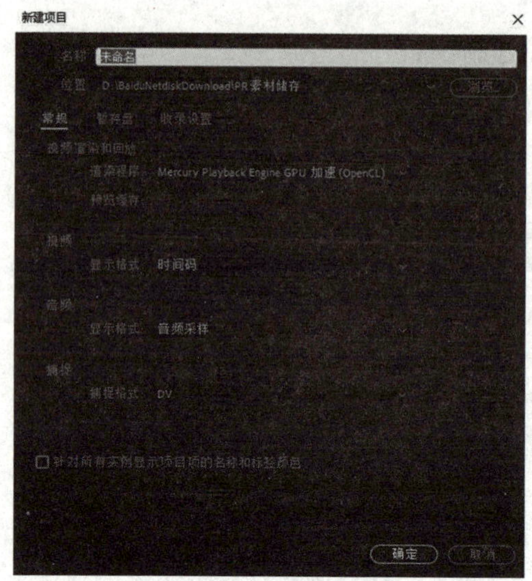

图 4-61 新建项目

(1) 在“开始”窗口中，点击“新建项目”。

(2)“新建项目”对话框会弹出，输入项目的名称和存储位置。

(3) 在“位置”下拉菜单中选择想要存储项目文件的文件夹。

(4) 在“预设”下拉菜单中，可以选择项目预设，或者使用默认设置。

(5) 点击“确定”创建新项目。

(七) 创建序列

如图 4-62 所示，一旦创建了项目文件，就可以在项目中创建序列，用于编辑视频素材。

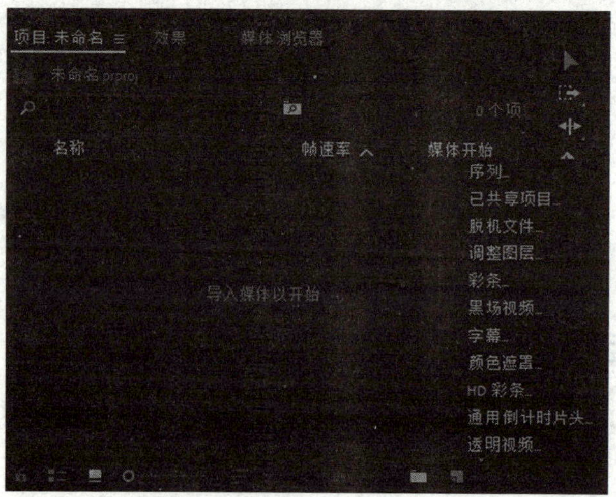

图 4-62 创建序列

(1) 在项目面板中，右键点击项目文件，选择“新建序列”，如图 4-63 所示，也可以在菜单栏中点击“文件—新建—序列”。

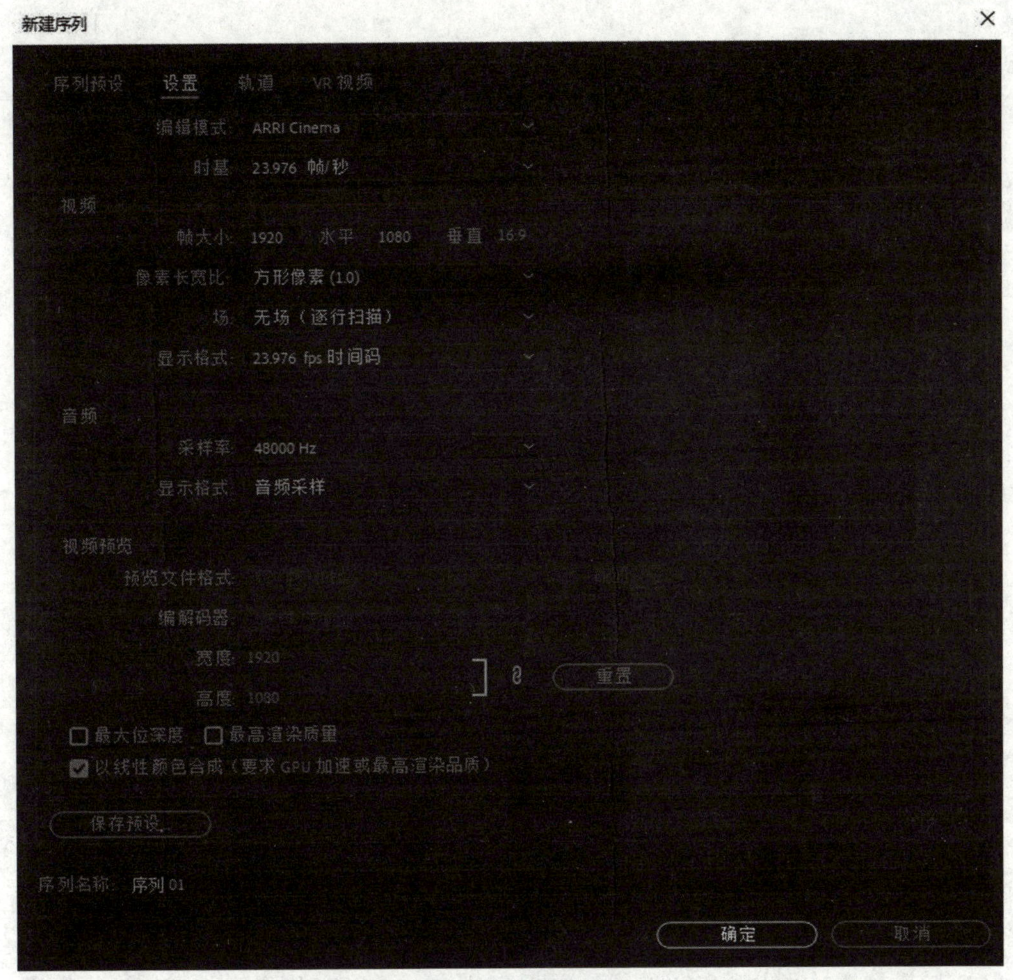

图 4-63　新建序列

(2) 序列

(3) 序列名称：输入想要为序列命名的名称。

(4) 在序列设置中，可以根据视频素材的属性和编辑需求进行设置，主要有以下选项：

①预设：选择预设，这样会根据视频素材的属性自动配置序列设置。如果不确定，请选择一个常用的预设，如“AVCHD 1080p 30fps”。

②时间基准：根据视频素材的帧率进行设置。如果不确定，可以使用默认的预设。

③帧大小：根据视频素材的分辨率进行设置。同样，如果不确定，可以使用默认的预设。

④采样率：根据音频素材的采样率进行设置。如果不确定，可以使用默认的“48000 Hz”。

⑤视频显示格式：选择想要在序列中编辑的视频显示格式，通常选择“框架大小”。

⑥采样大小：根据音频素材的位深度进行设置。如果不确定，可以使用默认的“16-bit”。

完成设置后，点击“确定”创建序列。

（八）导入素材

导入素材是在 Adobe Premiere Pro 中编辑视频项目的第一步（图 4-64），以下是导入素材的步骤。

图 4-64　导入素材

（1）打开 Adobe Premiere Pro 软件。

（2）点击“开始”窗口中的“新建项目”，输入项目名称和存储位置，然后点击“确定”创建新项目。

（3）在“项目”面板中，浏览到存储视频素材的文件夹。

（4）将素材文件从计算机的文件夹中拖拽到“项目”面板窗口中，也可以右键点击“项目”面板窗口中的空白区域，选择“导入文件”，然后浏览到素材文件所在的位置，选择并点击“导入”。

（5）导入的素材将出现在“项目”面板窗口中，可以在此窗口对素材进行管理，如重命名、创建文件夹等。

（6）将素材拖拽到“时间线”面板窗口中，如图 4-65 所示，就可以开始对素材进行编辑，构建视频项目。

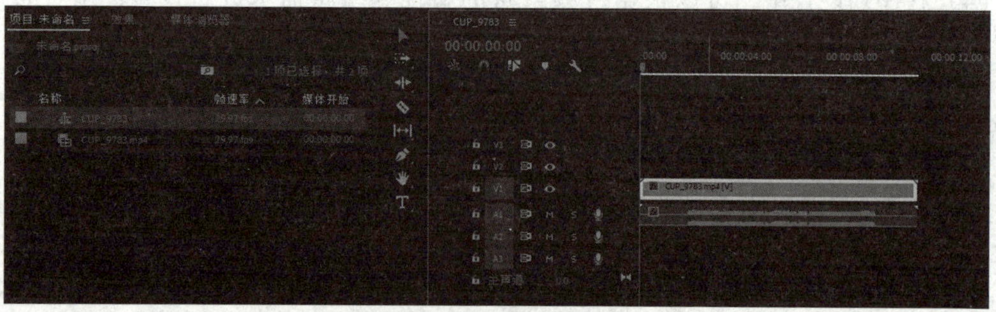

图 4-65　时间线面板

注意：在导入素材时，Adobe Premiere Pro 支持多种视频、音频和图片格式，确保素材格式与 Premiere Pro 支持的格式相符即可。如果有不同类型的素材文件，可以一次性导入它们，然后在“项目”面板中进行管理。

（九）保存与输出

保存和输出是在 Adobe Premiere Pro 中编辑视频项目的最后一步。

1. 保存项目

（1）在编辑视频过程中，定期保存项目，以防止数据丢失。

（2）在菜单栏中依次选择“文件>保存项目”，或者使用快捷键 Ctrl+S（Windows）/ Command+S（Mac）保存项目。如图 4-66 所示。

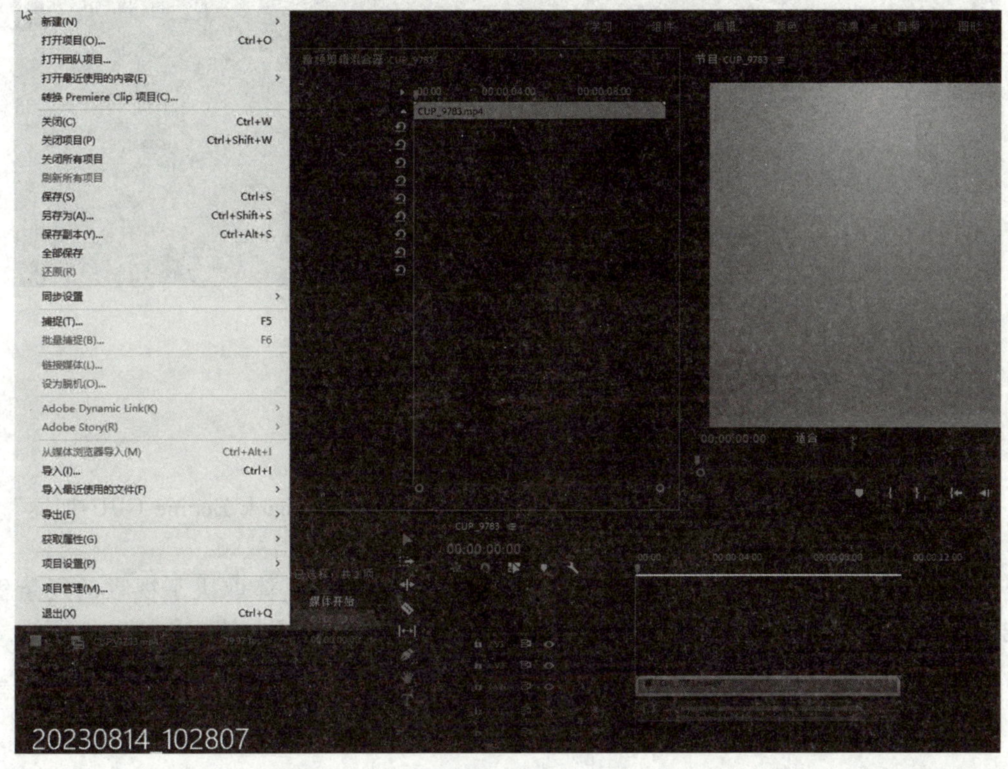

图 4-66　保存项目

（3）在弹出的对话框中，选择保存项目的位置和名称，然后点击“保存”。

2. 输出视频

（1）在完成编辑并保存项目后，准备输出视频。

（2）在菜单栏中依次选择“文件>导出>媒体”，或者使用快捷键 Ctrl + M（Windows）/ Command + M（Mac）。“导出设置”窗口会弹出，此时可以进行输出视频的设置。

①格式：选择输出视频的格式，如 H. 264、MPEG-4、QuickTime 等（图 4-67）。

②预设：选择预设或自定义输出设置，如分辨率、帧率、码率等。

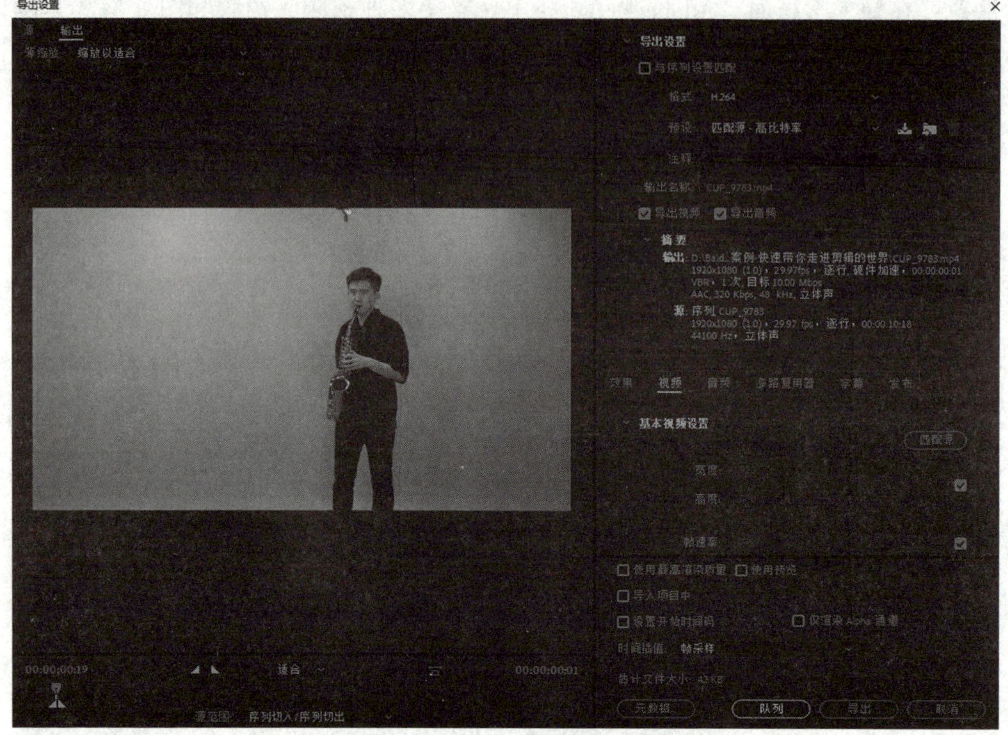

图 4-67 输出视频

⑥输出名称：输入输出视频的文件名。

④输出路径：点击“浏览”选择输出视频的保存位置。

⑤输出范围：选择输出整个序列或者指定区间。

⑥渲染器：根据需要选择渲染器，通常使用“Mercury Playback Engine GPU 加速”。

⑦最终输出：确认输出设置无误后，点击“导出”开始输出视频。

Adobe Premiere Pro 渲染和输出视频，会需要一些时间，具体取决于视频的复杂程度和输出设置。输出完成后，就可以在选择的输出路径中找到视频文件。

如果需要导入的是 mov 格式的视频素材，系统需要安装 QuickTime，否则无法导入。

二、视频素材剪辑操作

（一）源监视器（Source Monitor）

源监视器用于预览和选择导入项目中的视频、音频和图像素材。它的主要作用是让用户在编辑前查看素材的内容和属性。

（1）预览素材：将素材文件拖拽到源监视器，如图 4-68 所示，用户可以直接在源监视器中播放和暂停预览视频素材。

（2）设置入点和出点：在源监视器中使用“I”键设置入点（In Point），使用“O”键设置出点（Out Point）。这样，用户可以选定要导入时间线中的特定部分。

（3）调整速度：在源监视器的右下角，用户可以设置播放速度和变速效果。

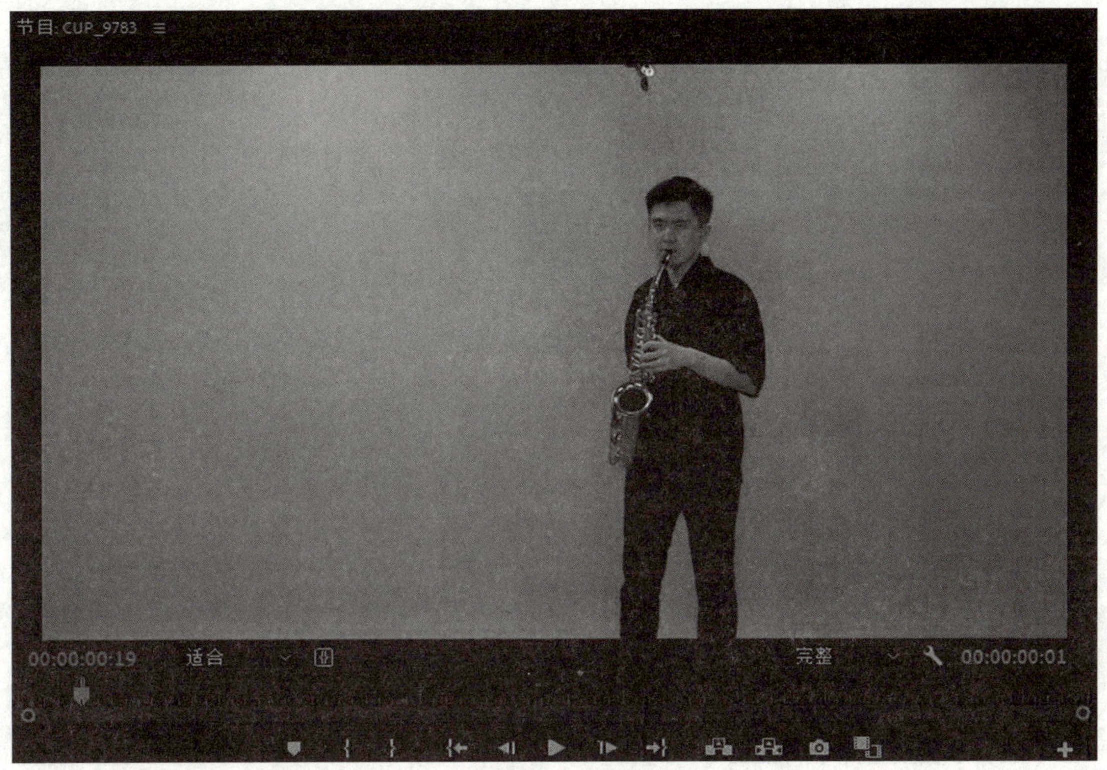

图 4-68 源监视器

（4）查看元数据：在源监视器中，用户可以查看视频素材的基本信息，如分辨率、帧率、时长等。

（二）节目监视器（Program Monitor）

节目监视器用于预览当前时间线上的编辑效果，即用户正在构建的最终视频。

（1）预览时间线：节目监视器显示时间线上的编辑结果。用户可以在节目监视器中播放和暂停视频，查看编辑效果。

（2）调整播放窗口：可以通过在节目监视器中点击“播放”窗口来切换全屏预览。

（3）标记和关键帧：在节目监视器中，用户可以添加标记或关键帧，帮助实现更精确的编辑调整。

（4）多视角：如果用户使用了多个摄像机角度或画面拆分等效果，节目监视器可以实时查看这些效果。

通过源监视器和节目监视器，用户可以更好地管理、预览素材和编辑效果，有助于提高编辑效率并确保获得所需的视频效果。

三、视频工具

Adobe Premiere Pro 提供了多种视频编辑工具，这些工具可以在时间线中进行精确的视频编辑和调整。下面介绍其中一些主要的视频编辑工具。

（一）选择工具

选择工具是最常用的工具之一（图 4-69），用于选择、移动和调整视频或音频素材。可以使用选择工具单击选定单个素材，也可以拖动选择多个素材同时操作。

图 4-69　选择工具

（二）向前选择轨道工具

向前选择轨道工具（图 4-70）允许选择时间线上当前选择素材所在轨道上方的所有素材。这对于同时移动或删除多个素材非常有用。

图 4-70　向前选择轨道工具

（三）向后选择轨道工具

向后选择轨道工具（图 4-71）类似于向前选择轨道工具，这个工具允许选择时间线上当前选择素材所在轨道下方的所有素材。

图 4-71　向后选择轨道工具

（四）波纹编辑工具

波纹编辑工具（图 4-72）允许在时间线上移动或调整素材的位置，而不影响其他素材的位置。当在时间线中添加或删除素材时，相邻素材会自动调整以填补空白或空间。

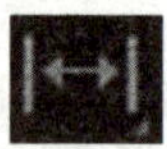

图 4-72　波纹编辑工具

（五）滚动编辑工具

滚动编辑工具（图 4-73）允许调整两个相邻素材之间的编辑点，同时保持整个序列的长度不变。通过拖动滚动编辑工具，可以将两个素材的交叠部分延长或缩短，而不影响其他部分。

图 4-73　滚动编辑工具

（六）比率拉伸工具

比率拉伸工具（图 4-74）允许非等比例地调整视频素材的尺寸，改变其宽高比。通过拖动比率拉伸工具，可以自由拉伸或压缩视频画面，但要注意这可能导致图像失真。

图 4-74　比率拉伸工具

（七）剃刀工具

剃刀工具（图 4-75）可用于剪切视频或音频素材，可以在时间线上选择一个或多个素材，然后使用剃刀工具将其分割成多个片段。剃刀工具对于在特定位置对素材进行剪辑和调整非常有用。

图 4-75　剃刀工具

（八）外滑工具

外滑工具（图 4-76）允许调整两个相邻素材之间的交叠区域，同时保持整个序列的长度不变。拖动外滑工具，可以延长或缩短素材的交叠部分，而不影响其他部分。

图 4-76　外滑工具

（九）内滑工具

内滑工具（图 4-77）用于调整两个相邻素材之间的交叠区域，保持素材的交叠部分不变，只调整素材的内容。拖动内滑工具，可以在两个素材之间改变交叠的入点和出点，从而调整编辑的效果。

图 4-77　内滑工具

（十）钢笔工具

钢笔工具（图 4-78）用于创建形状掩蔽，帮助对视频进行蒙版和调整。可以使用钢笔工具绘制路径，然后在路径上应用蒙版效果，实现一些有创意的视觉效果。

图 4-78　钢笔工具

（十一）手形工具

手形工具（图 4-79）用于在时间线上拖动视图，以浏览整个时间线。当时间线的内容超出窗口显示范围时，可以使用手形工具在时间线上水平或垂直滚动，方便查看和编辑。

图 4-79　手形工具

（十二）缩放工具

缩放工具（图 4-80）允许调整素材的大小，以适应时间轴的显示。缩放工具可以调整时间线上素材的缩放比例，从而更方便和精准地对视频进行编辑和处理。

图 4-80　缩放工具

（十三）文字工具

文字工具（图 4-81）用于在视频中添加文本标题、字幕和标注。可以在监视器面板中使用文字工具创建文本图层，并对文本样式、位置和动画进行调整。

图 4-81　文字工具

四、效果面板

效果控制面板是 Adobe Premiere Pro 中的一个重要面板（图 4-82），用于对已添加到时间线的视频和音频素材应用效果和调整。常见的效果控件有以下几种。

（1）运动效果。运动效果允许对视频素材进行位置、缩放、旋转和倾斜等变换。可以通过运动效果来制作图像移动、缩放或旋转的动画效果，以及添加画中画等特效。

（2）不透明度效果。不透明度效果允许调整视频或音频素材的透明度，从而控制其显示或隐藏程度。调整不透明度，可以实现素材的渐入渐出效果，或者创建透明的叠加

图 4-82　效果面板

效果。

（3）时间重映射效果。时间重映射效果允许改变视频素材的速度和持续时间。添加关键帧并调整其位置，可以在时间轴上自定义视频的播放速度，实现慢动作、快动作或回放效果。

（4）音频效果。Adobe Premiere Pro 提供多种音频效果，如音量、音调、混响和均衡器等。这些效果可以用于调整音频素材的音量水平、音色和空间感，使其更符合视频的需求。

（5）视频效果。除了运动效果和不透明度效果之外，还有许多其他视频效果可供选择，如色彩校正、图像模糊、特殊滤镜和过渡效果等。这些效果可以增强视频的视觉效果，创造出更具有冲击力和创意性的画面。

（6）转场效果。转场效果用于在两个相邻的视频或音频剪辑之间添加过渡效果，比如淡入淡出、闪烁、滑动等。这些转场效果可以使视频剪辑之间的过渡更加平滑和吸引人。

（7）文本效果。Adobe Premiere Pro 提供多种文本效果，可以在视频中添加漂亮的字幕、标题和动态文本，也可以自定义文本的样式、动画和运动效果，使其更加生动有趣。

五、字幕

（一）创建字幕

在 Adobe Premiere Pro 中，创建字幕有以下几个步骤。

（1）打开 Adobe Premiere Pro 并导入项目。

（2）在项目面板中，右键单击空白区域，如图 4-83 所示，然后选择“新建>字幕”。

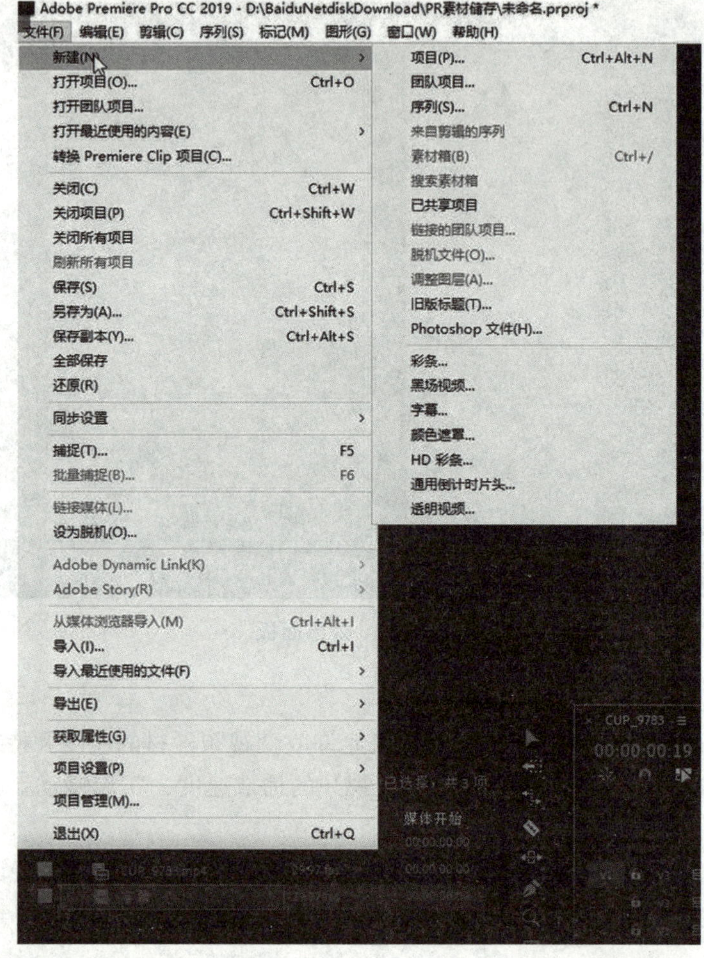

图 4-83 新建字幕

（3）如图 4-84 所示，为新字幕命名并选择将它放在哪个时间线上，以及在时间线的哪个位置上，然后点击“确定”，出现新的字幕编辑窗口。

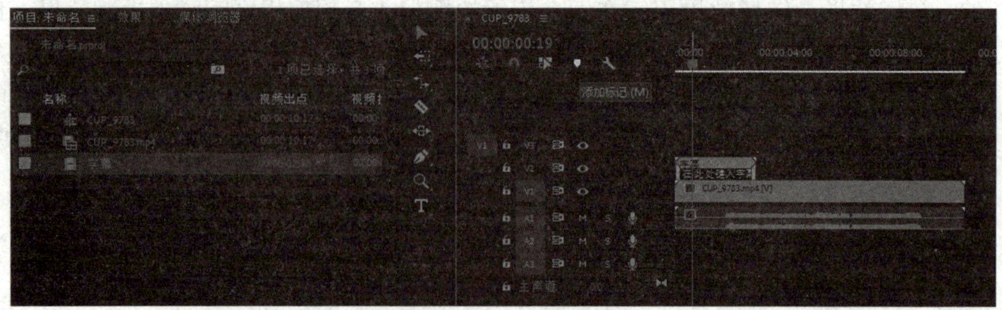

图 4-84 时间线面板

（4）在新的字幕编辑窗口中，可以选择字幕的样式、颜色、字体、大小等。

（5）使用文本工具在视频预览窗口中点击键入字幕位置，然后输入文字。

（6）根据需要调整字幕的样式和属性，使用属性面板更改字体、颜色、大小、位置等。

（7）如图 4-85 所示，对字幕满意后，可以点击字幕编辑窗口中的“确定”按钮以关闭它。

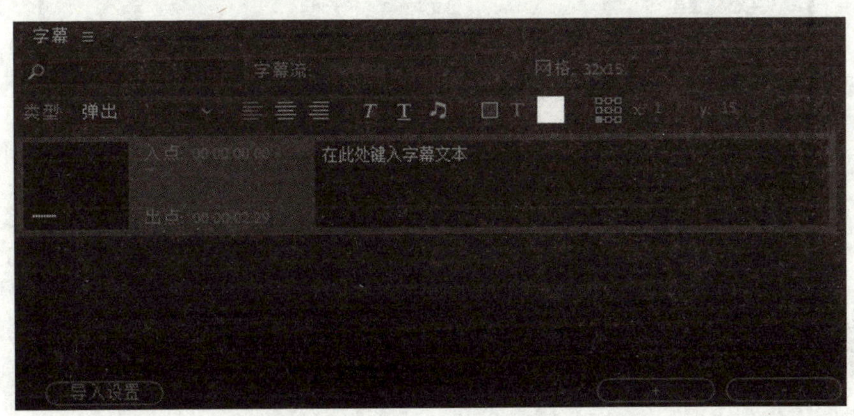

图 4-85 字幕

（8）在时间线中，可以看到新创建的字幕出现在视频中。如果需要，可以调整字幕的位置和持续时间。

最后，导出项目以便在其他地方使用。点击菜单栏中的“文件>导出>媒体”，然后选择想要的导出格式和质量。

（二）字幕设计

在 Adobe Premiere Pro 中，用户可以通过以下步骤创建字幕设计窗口，主要包括旧版标题属性面板中的文字变换效果、文字属性、填充效果、描边效果、阴影效果、背景效果，以及字幕工具区中的字幕动作区和文字属性区。

1. 旧版标题属性面板

如图 4-86 所示，打开文件，点击“新建”，用户可以看到旧版标题属性面板，有多个选项可以设置字幕的样式和效果。

（1）文字变换效果。用户可以在属性面板中选择不同的文字变换效果，如淡入淡出、滚动、弹出等，为字幕添加动画效果。

（2）文字属性。用户可以调整字幕的文字样式，包括选择字体、字体样式、字体大小和颜色，以满足自己的设计需求。

（3）填充效果。通过设置填充效果，用户可以为字幕添加背景颜色，使文字更加醒目。

（4）描边效果。用户可以为字幕添加描边，提高字幕在视频中的可读性。

（5）阴影效果。在属性面板中，用户可以调整字幕的阴影效果，增强字幕的立体感。

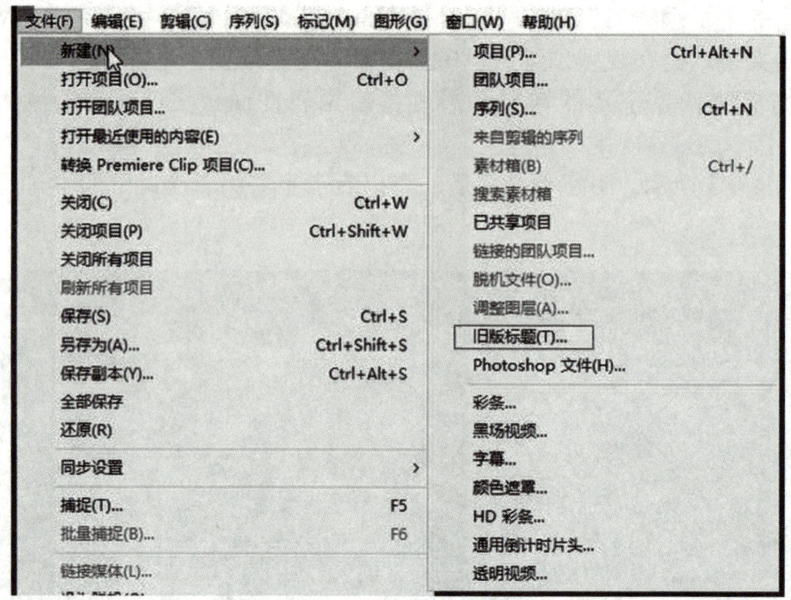

图 4-86 旧版标题属性面板

（6）背景效果。用户可以为字幕添加背景效果，例如背景色或背景图片，增强字幕的可视效果。

2. 字幕工具区

在字幕设计窗口的工具区，用户可以选择不同类型的字幕元素，如文本框、图形和形状。通过这些工具，用户可以自由地设计和编辑字幕的外观和布局。

（1）字幕动作区。如图 4-87 所示，在字幕设计窗口的动作区，用户可以为字幕添加动画效果，增强字幕的生动性。如用户可以设置字幕的进入和退出效果，以及其他动画属性。

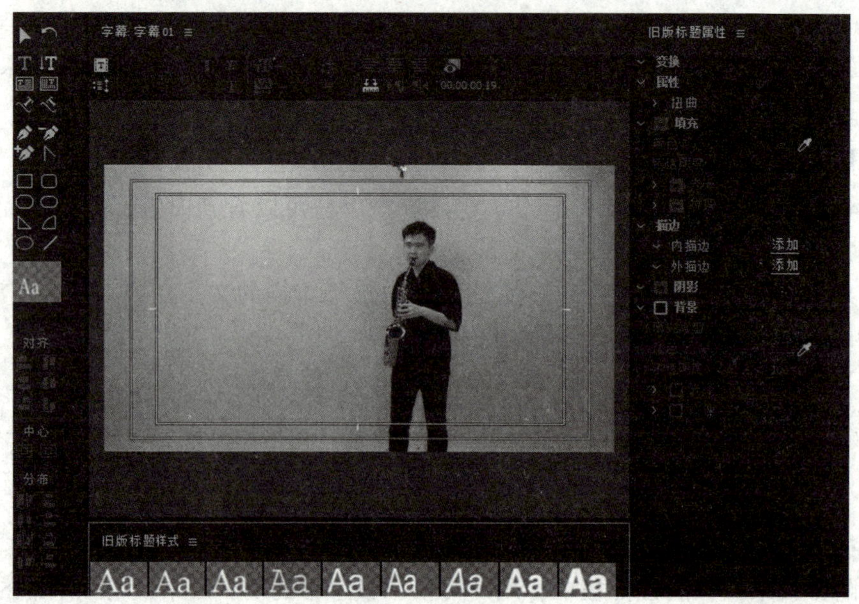

图 4-87 字幕工具

（2）文字属性区。在文字属性区，用户可以调整字幕的文字属性，包括字体、字体样式、字体间距、行距和对齐方式等。这些选项允许用户完全自定义字幕的外观和格式，以满足不同的创意需求。

六、Lumetri 调色

在 Adobe Premiere Pro 中，Lumetri 调色是一项强大的工具，用于对视频素材进行一级调色和二级调色。Lumetri 调色面板提供了丰富的调色选项，如图 4-88 所示，使用户能够在一个直观和交互式的界面下改善画面的色彩和外观。

图 4-88 Lumetri 调色

（一）一级调色

（1）阴影和高光调整。在 Lumetri 调色面板中，如图 4-89 所示，可以通过“阴影”和“高光”选项来调整画面的黑暗部分和亮部分的亮度和对比度。调整阴影可以使细节更加清晰，调整高光可以使画面更加明亮和有生气。

（2）白平衡。Lumetri 调色面板中的“白平衡”选项允许用户校正画面中的色温。调整色温可以使白色看起来更准确，纠正色彩偏差，可以使画面更真实。

（3）颜色偏差校正。Lumetri 调色面板提供了“色彩校正”选项，允许用户调整整体色彩的偏差。可以通过细微调整颜色通道，纠正过蓝或过红的问题，使画面色彩更加平衡和自然。

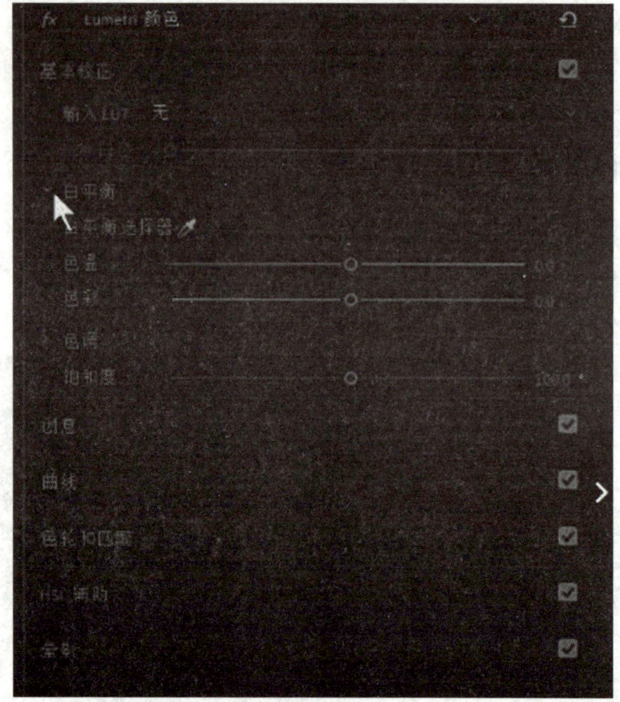

图 4-89 Lumetri 调色面板

（二）二级调色

（1）局部调整。在 Lumetri 调色面板中的“色彩校正”选项下，用户可以使用“形状遮罩”来进行局部调整。通过绘制形状遮罩，可以选择画面中特定区域进行精细调整，如调整人物的皮肤色调或某个物体的颜色。

（2）局部对比度调整。Lumetri 调色面板中的“局部对比度”选项可以帮助用户调整画面中特定区域的对比度，从而突出细节或产生特殊效果。

（3）局部色彩调整。使用“Lumetri 色彩校正”中的“色彩区域”选项，用户可以在特定区域增加或减少色彩饱和度、色调和亮度，实现局部颜色调整的效果。

通过 Lumetri 调色面板中的一级调色和二级调色选项，用户可以非常灵活地对视频素材进行精细的调整和改善。这些功能使得 Adobe Premiere Pro 成为专业视频编辑和调色的首选工具之一。

七、HSL 调整肤色

在 Adobe Premiere Pro 中，如图 4-90 所示，利用 HSL（色相、饱和度、亮度）调整辅助功能对画面中的特定颜色进行调整可以帮助改善人物肤色。HSL 调整可以针对特定的色相范围进行细致调整，以便有效地改变画面中的肤色表现。其具体操作步骤如下。

（1）打开 Lumetri 调色面板。在工作区中，选择“颜色”，然后在右侧“面板”中找到“Lumetri 调色”面板。点击“Lumetri 调色”打开面板。

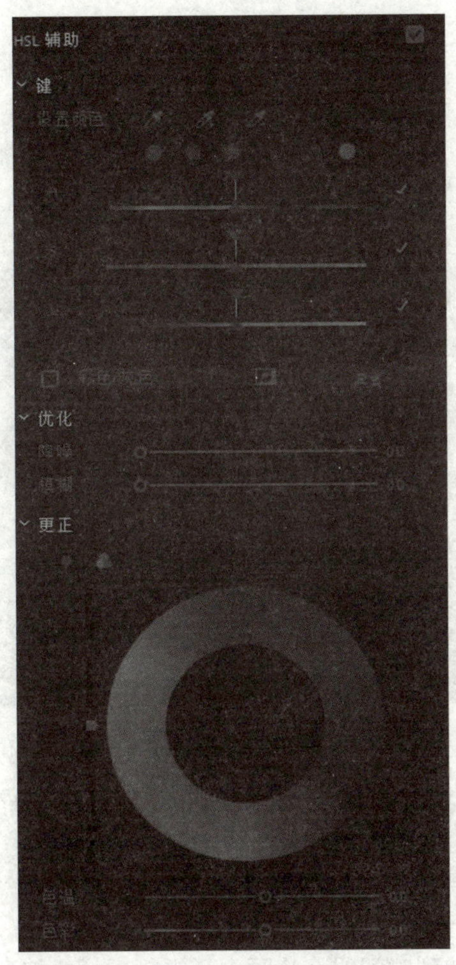

图 4-90　HSL

在“项目面板”中，选择需要调整肤色的视频素材，将其拖拽到“时间线”上。

（2）打开 HSL 调整。在“Lumetri 调色”面板中，找到“色彩校正”部分。点击“HSL 次要”（HSL Secondary）选项，打开 HSL 调整界面。

（3）选择肤色范围。在 HSL 调整界面中，点击“色彩选择器”工具（针形图标），然后在视频预览中选取画面中的肤色区域。调整选择器的大小和范围，确保选取到肤色的主要部分。可以通过“羽化”（Feather）选项使选择区域边缘更加平滑。

（4）调整 HSL 参数。在 HSL 调整界面的下方，可以看到“色相”“饱和度”“亮度”滑块。调整这些参数，可以对选取的肤色范围进行细致调整。比如，可以通过调整“色相”来改变肤色的色调，通过调整“饱和度”来增加或减少肤色的饱和度，通过调整“亮度”来调整肤色的明暗程度。

（5）实时预览和调整。在进行 HSL 调整时，可以在“监视器”中实时预览调整效果，观察肤色的变化，根据需要进行微调，直至获得满意的效果。

（6）保存和导出。完成 HSL 调整后，可以点击“项目面板”中的“导出”按钮，选择输出格式，将视频导出并保存为最终文件。

八、画中画

在 Adobe Premiere Pro 中，画中画效果是一种将一个视频剪辑嵌套在另一个视频剪辑内的特殊效果。这种效果可以让一个视频在画面的一角或一侧播放，同时保持主要画面的播放，如图 4-91 所示。其制作步骤如下。

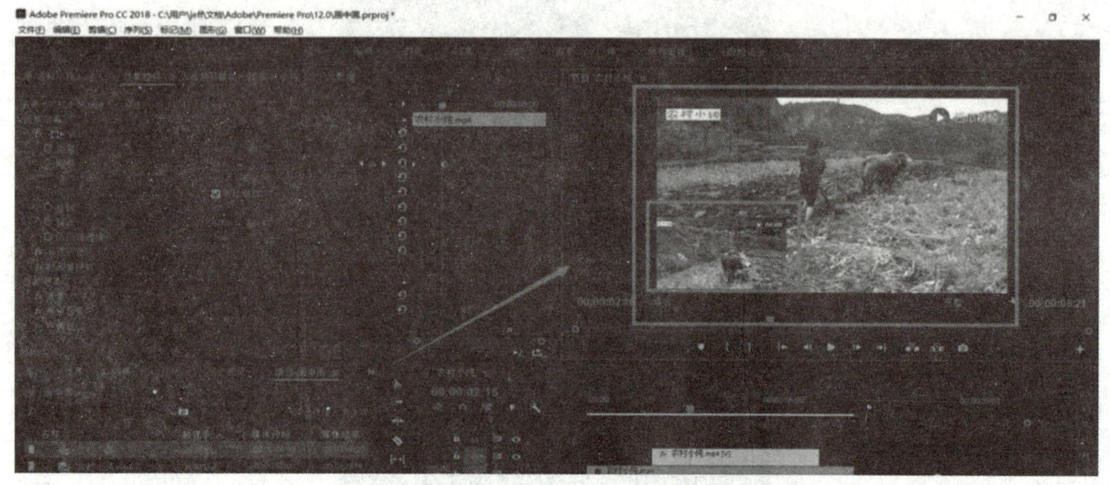

图 4-91　画中画

（1）导入视频素材。打开 Adobe Premiere Pro，创建一个新项目，并将需要使用的主要视频素材和画中画视频素材导入项目中的“项目面板”中。

（2）创建序列。将主要视频素材拖拽到“时间线”上，然后右键点击它，选择“新建序列”，创建一个适合主要视频素材属性的新序列。

（3）将画中画视频添加到时间线。将画中画视频素材拖拽到之前创建的序列中。在默认情况下，画中画视频将覆盖主要视频素材。

（4）调整画中画视频的尺寸。在“效果控件”面板中，找到“运动”特效，适当调整“缩放”参数，使画中画视频缩小到希望的尺寸，并放置在主要视频画面的适当位置。

（5）调整画中画视频的位置。可以直接在“监视器”中拖动画中画视频，或者在“效果控件”面板中调整“位置”参数，确保画中画视频处于正确的位置。

（6）添加过渡效果（可选）。如果希望在画中画视频出现和消失时有平滑的过渡效果，可以在“效果控件”面板中找到合适的过渡效果，如淡入淡出或滑动效果，然后将其应用到画中画视频剪辑上。

（7）调整画中画视频时长（可选）。如果希望画中画视频在特定时间段内播放，可以在“时间拉伸”工具中拉长或缩短画中画视频剪辑，调整其播放时长。

（8）实时预览和调整。在进行画中画效果制作时，可以在“监视器”中实时预览效果。观察画中画视频和主要视频的组合效果，根据需要进行微调，直至获得满意的效果。

（9）保存和导出。完成画中画效果制作后，可以点击“项目”面板中的“导出”按钮，选择输出格式和设置，将视频导出并保存为最终文件。

九、音频

在 Adobe Premiere Pro 中，可以轻松地添加和编辑音频以增强视频效果，如图 4-92 所示。

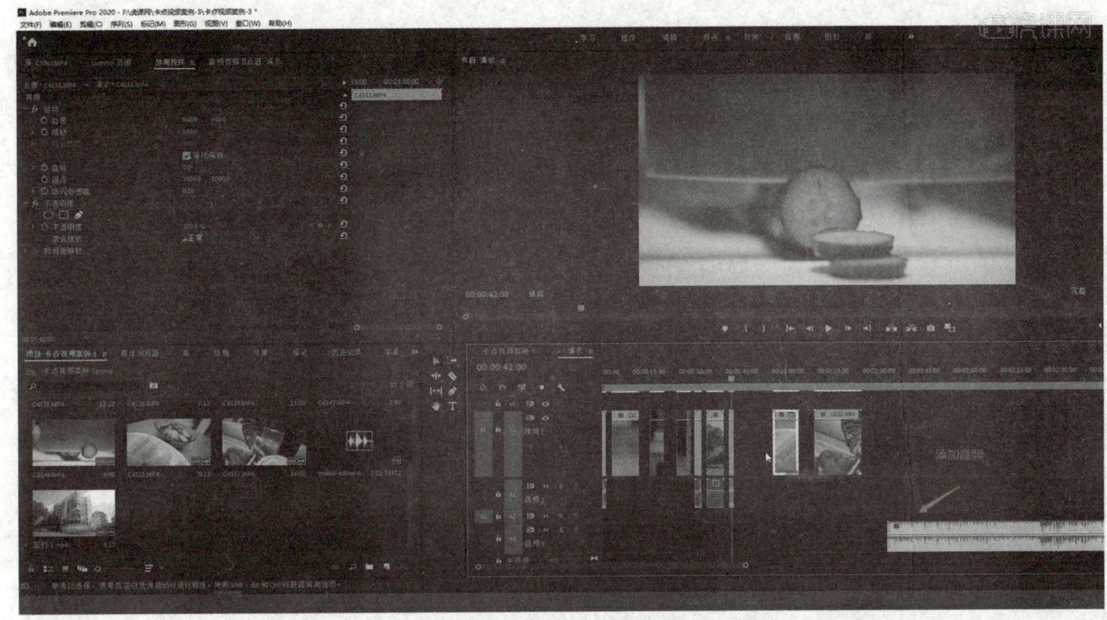

图 4-92　音频编辑

（1）导入音频素材。打开 Adobe Premiere Pro，创建一个新项目，并将需要使用的音频素材导入“项目”面板中。可以通过拖放或使用“文件>导入”选项导入音频文件。

（2）将音频添加到时间线上。在“项目面板”中，选中想要使用的音频文件，然后将其拖拽到“时间线”上，确保它放置在希望的位置。

（3）调整音频时长（可选）。如果需要，可以在“时间拉伸”工具中拉长或缩短音频，以调整其播放时长。

（4）音量调整。在“时间线”上选中音频，然后在“效果控件”面板中找到“音量”特效。通过调整“音量”参数，可以控制音频的音量大小。

（5）音频淡入淡出效果。若要添加平滑的淡入淡出效果，可以在“效果控件”面板中找到“淡入淡出”特效，并将其应用到音频的开头和结尾。

（6）音频平衡和立体声（可选）。使用“音频效果”可以调整音频在左右扬声器之间的平衡。对于立体声音频，还可以调整“立体声”参数，控制左右声道的音量平衡。

（7）添加背景音乐或音效（可选）。若要添加背景音乐或音效，可将音频素材拖放到“时间线”上，然后根据需要调整音量、淡入淡出等参数。

（8）实时预览和调整，在进行音频编辑时，可以在“监视器”中实时预览音频效果。观察音频的变化，根据需要进行微调，直至获得满意的效果。

（9）保存和导出，完成音频编辑后，点击“项目”面板中的“导出”按钮，选择输出格式和设置，将视频与音频一起导出并保存为最终文件。

十、绿幕与抠图

（一）绿幕

拍摄视频中使用绿幕（又称“绿背景”或“绿布”）是一种常见的特效拍摄技术。绿幕的作用是在后期视频制作中，将绿色背景替换为其他图像或视频素材，从而创造出各种虚拟背景或特殊效果，具体有以下作用。

（1）虚拟背景创造。使用绿幕可以在后期制作中将拍摄的主体与绿色背景分离，然后替换为任何虚拟背景，如风景、城市、海洋、太空等。这样可以将视频的场景设置在任何想要的地方，不受实际拍摄地点的限制。

（2）特效制作。绿幕技术也常用于制作各种特效，如爆炸、火灾、飞行、超能力等。在绿幕前拍摄，然后在后期将绿色背景替换为特效素材，可以实现非常逼真的特效效果。

（3）人物与文字/图形叠加。使用绿幕可以将主体拍摄的人物或物体与文字、图形等素材进行叠加。这在制作广告、电视节目、宣传片等视频中非常常见。

（4）虚拟演讲背景。在制作教育或企业培训视频时，绿幕技术也常用于虚拟演讲背景。演讲者可以在绿幕前拍摄，然后将绿色背景替换为演讲所需的图表、数据等内容，增强演示效果。

（5）节省拍摄成本。使用绿幕技术可以节省拍摄成本和时间，因为不需要实际前往特定场地拍摄，只需要在绿幕前进行拍摄即可，后期特效制作会在视觉效果上弥补实际拍摄的不足。

总的来说，绿幕的作用在于提供一种灵活而有创意的视频拍摄方式，允许在后期制作时对背景进行更改和增加特效，从而增强视频的视觉吸引力和故事的表现力。使用绿幕技术可以让视频制作者在视觉效果上获得更大的创作自由，并实现各种令人惊叹的效果。

（二）抠图

在 Adobe Premiere Pro 中，使用颜色键和超级键（又称“色阶键”）抠图是一种常见的特效技术，可用于去除绿幕或蓝幕背景，并将主体与其他素材合成。具体操作方法如下。

（1）导入素材。将需要进行抠图的视频素材导入“项目”面板中。

（2）创建合成。将主要视频素材拖放到“时间线”上，并在“效果控件”面板中找到“颜色键”特效，将“颜色键”特效拖放到主要视频素材上。

（3）设置颜色键参数。如图 4-93 所示，在“效果控件”面板中，展开“颜色键”特效的选项，然后使用“吸管工具”点击绿幕上的颜色，以便 Premiere Pro 知道哪个颜色是要抠掉的背景。调整“颜色容差”参数，确保抠图效果边缘平滑，容差数值一般不超过 50。

（4）调整颜色键粗修。根据抠图效果预览，可以进一步调整“颜色键”特效的参数，如“柔化”参数，用于平滑边缘。

（5）创建超级键（色阶键）遮罩。在“效果控件”面板中找到“超级键”特效

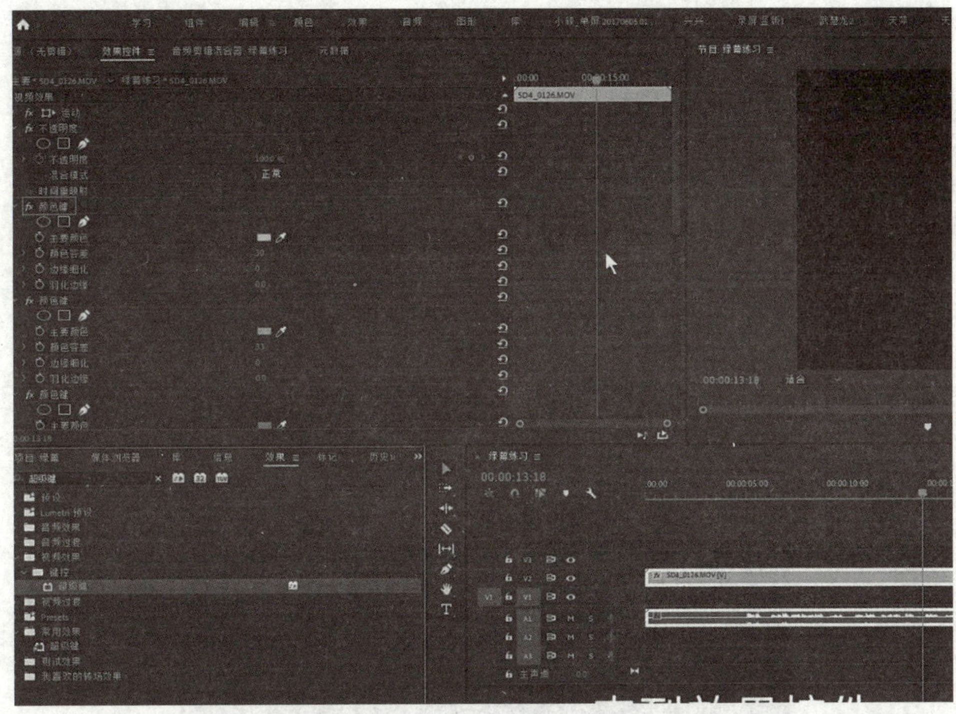

图 4-93　颜色键

（Super White Alpha）或“色阶键”特效（Ultra Key），然后将其拖放到主要视频素材上。进一步精细调整抠图。

（6）调整超级键遮罩参数。在“效果控件”面板中，展开“超级键”或“色阶键”特效的选项，能看到各种可调节的参数，如图 4-94 所示。

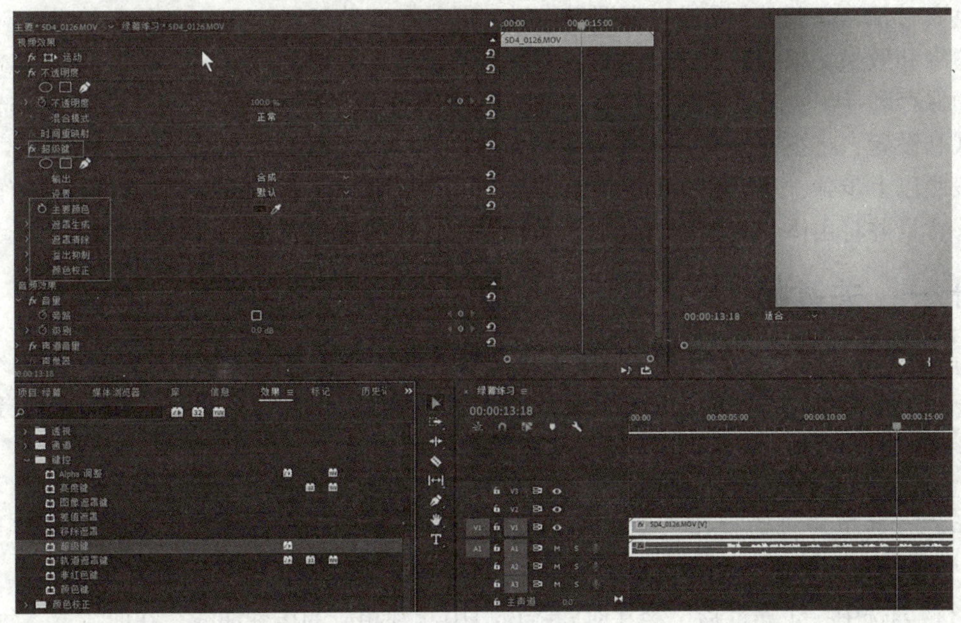

图 4-94　超级键

①透明度：控制主体的不透明度，可根据需要调整。

②高光和阴影：用于调整主体与背景的高光和阴影效果。

③容差：调整抠图的精确程度。

④基值：定义抠图的基本范围。

⑤遮罩清除：用于手动添加遮罩或修正遮罩的细节。

⑥抑制：控制背景抑制效果，如图 4-95 所示。

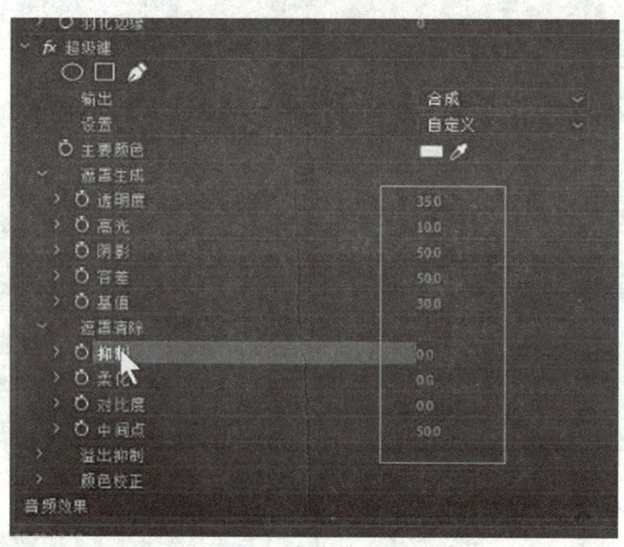

图 4-95 抑制

⑦柔化：用于平滑遮罩边缘。

⑧对比度和中间点：调整遮罩的对比度和中间点。

⑨实时预览和调整：在进行抠图操作时，可以在“监视器”中实时预览效果，观察抠图的边缘和效果，根据需要进行微调，直至获得满意的效果。

⑩保存和导出：完成抠图操作后，可以点击“项目”面板中的“导出”按钮，选择输出格式和设置，将视频导出并保存为最终文件。

按照以上步骤，可以在 Adobe Premiere Pro 中使用颜色键和超级键进行抠图操作，去除绿幕背景并将主体与其他素材合成，实现令人惊叹的视觉特效。

十一、关键帧

Adobe Premiere Pro 是一款功能强大的视频编辑软件，其中关键帧的运用是其核心功能之一。关键帧可以帮助创建动画效果，调整视频属性，以及完成更复杂的编辑任务。下面将详细说明如何使用 Adobe Premiere Pro 的关键帧功能。

（1）在时间线中选中一段视频，然后打开效果控件，在时间线窗口的右侧找到它。

（2）在效果控件窗口中，会看到一排按钮，它们分别对应不同的视频属性。比如，“位置”按钮可以调整视频在画面中的位置，“缩放”按钮可以调整视频的大小。

（3）当选中一个属性后，会在时间线窗口中看到相应的属性曲线。在曲线上，每一个

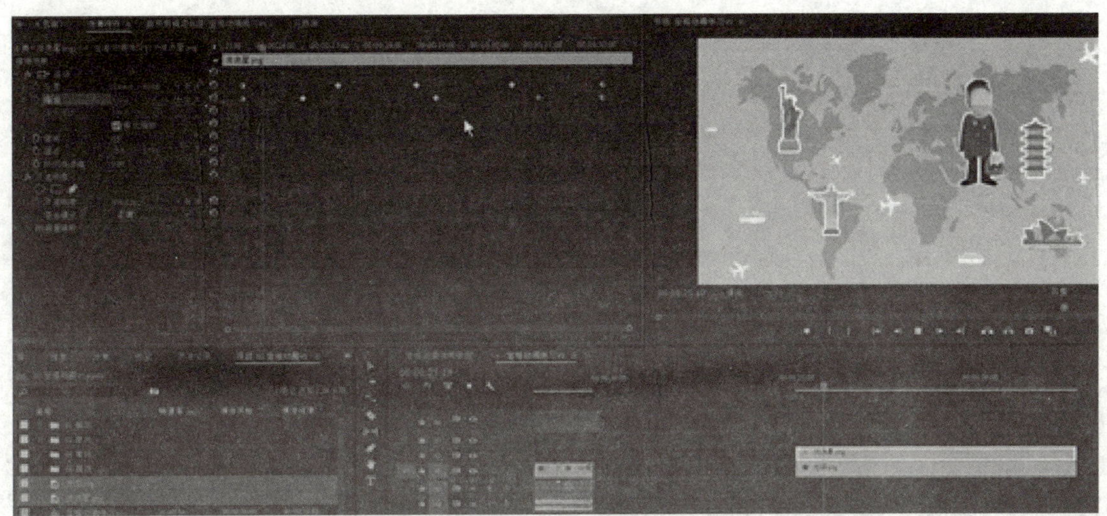

图 4-96　关键帧

小方块都代表一个关键帧。

（4）要创建一个新的关键帧，只需在时间线窗口中点击想要的位置，然后移动视频属性值。例如，想要在视频的第 10 秒时移动视频的位置，只需在第 10 秒点击时间线，然后调整“位置”属性。

（5）创建关键帧后，可以通过调整关键帧的属性参数改变视频的属性。在效果控件窗口中，每个关键帧都有一个对应的圆形控制点。拖动这个控制点可以改变关键帧的属性值。

（6）右键点击关键帧，然后选择“编辑关键帧”打开一个专门的窗口，在这个窗口中可以更详细地调整关键帧的属性。

（7）通过创建和调整关键帧，可以实现各种动画效果。例如，在视频开始时创建一个“位置”关键帧，将其位置设置为屏幕之外；然后在视频结束时创建一个新的“位置”关键帧，并将其位置设置为屏幕之内。这样，当播放视频时，就会实现视频从屏幕外移动到屏幕内的效果。

十二、蒙版

在 Adobe Premiere Pro 中，蒙版是一种常用的特效工具，用于控制视频剪辑或图像的部分区域的可见性，从而实现各种创意效果。下面介绍使用蒙版的操作技巧。

（1）创建蒙版。如图 4-97 所示，首先，在“项目面板”中选中想要添加蒙版的视频或图像，然后将其拖放到“时间线”上，确保视频或图像位于希望的位置。

（2）添加蒙版特效。在“效果控件”面板中，找到“蒙版”特效（或“蒙版镂空”特效，视情况而定），将其拖放到视频或图像上，为创建一个蒙版层。

（3）调整蒙版形状。在“效果控件”面板中，展开“蒙版”或“蒙版镂空”特效的选项，将看到蒙版形状的参数。可以通过调整“蒙版形状”或“镂空形状”参数来改变蒙版的形状。

图 4-97　蒙版

（4）移动蒙版位置。在“效果控件”面板中，可以通过调整“蒙版位置”参数来移动蒙版在视频或图像上的位置。

（5）调整蒙版参数。根据需要调整“蒙版不透明度”参数来控制蒙版的透明度，从而实现渐变效果。

（6）添加多个蒙版。如果需要添加多个蒙版，可以在“时间线”上创建多个视频或图像层，并分别添加蒙版特效。这样每个蒙版将控制对应的图层的可见性。

（7）组合蒙版。如果需要将多个蒙版组合成一个复杂的形状，可以使用“合成蒙版”或“蒙版轨道”特效，来实现更复杂的蒙版形状。

（8）实时预览和调整。在进行蒙版操作时，可以在“监视器”中实时预览效果，观察蒙版的形状和效果，根据需要进行微调，直至获得满意的效果。

（9）保存和导出。完成蒙版操作后，可以点击“项目面板”中的“导出”按钮，选择输出格式和设置，将视频导出并保存为最终文件。

按照以上操作技巧，可以在 Adobe Premiere Pro 中使用蒙版实现各种创意效果，控制视频剪辑或图像的部分区域的可见性，增加视频的艺术性和视觉吸引力。

十三、图片拼接

如图 4-98 所示，在 Adobe Premiere Pro 中进行图片拼接是一种常见的编辑技术，它允许将多张图片合并成一个视频序列，从而实现图片的平移、缩放、淡入淡出等效果。图片拼接的操作技巧如下。

（1）导入图片。将想要拼接的图片导入“项目”面板中。可以通过拖放或使用“文件>导入”选项导入图片文件。

（2）创建新的合成。在“项目”面板中右键点击，选择“新建项目>序列”，创建一个新的合成（序列）。确保序列设置与图片尺寸和帧率相匹配。

图 4-98　图片拼接

（3）将图片拖放到时间线上。在“项目”面板中，选中想要拼接的图片，然后将它们拖拽到“时间线”上，图片将按照顺序排列在时间线上。

（4）调整图片时长。在默认情况下，图片在时间线上会按照每张持续 5 秒的设置放置。如果希望调整图片的显示时长，可以在时间线上选中图片，然后拖动图片的边界来调整时长。

（5）添加过渡效果。如果希望图片之间有平滑的过渡效果，可以在“效果控件”面板中找到“过渡”特效拖放到相邻的图片之间。常用的过渡效果包括淡入淡出、擦除、推拉等。

（6）调整图片效果。在“效果控件”面板中，可以进一步调整每张图片的效果，如亮度、对比度、色彩饱和度等，以实现想要的视觉效果。

（7）添加运动效果。如果想要图片拼接时有动态效果，可以在“效果控件”面板中找到“运动”特效，然后将其拖放到图片上。这样可以实现图片的平移、缩放、旋转等运动效果。

（8）实时预览和调整。在进行图片拼接操作时，可以在“监视器”中实时预览效果，观察图片的拼接和效果，根据需要进行微调，直至获得满意的效果。

（9）保存和导出。完成图片拼接后，可以点击“项目面板”中的“导出”按钮，选择输出格式和设置，将视频导出并保存为最终文件。

课后习题

一、判断题

1. 短视频剪辑中，转场可以增强视频的连贯性和视觉效果。（　　）

2. 色调处理是短视频剪辑中非常重要的一环，可以影响视频的整体氛围和观感。（　　）

3. 在短视频剪辑中，剪辑切入点的选择可以影响视频的节奏和观感。（　　）

4. 声音和音效的处理可以增强短视频的氛围感和吸引力。（　　）

5. 在短视频剪辑中，镜头组接不一定要通过巧妙的过渡才能让视频更加流畅和富有艺术感。（　　）

二、单选题

1. 在短视频剪辑中，不是常见的转场效果的是（　　）。

A. 淡入淡出　　B. 划变　　C. 缩放　　D. 旋转

2. 在短视频剪辑中，选择不同的色调处理会（　　）。

A. 增强视频的明暗对比　　B. 影响视频的色彩饱和度

C. 改变视频的整体氛围和情感效果　　D. 增加视频的清晰度

3. 短视频剪辑中常见的剪辑切入点是（　　）。

A. 动作剪辑点　　B. 对话剪辑点

C. 音乐剪辑点　　D. 音效剪辑点

4. 在短视频剪辑中，对视频的节奏感和观感没有影响的是（　　）。

A. 镜头时长　　B. 剪辑点选择

C. 画面表现方式　　D. 音频处理方式

5. 下列对短视频剪辑中抽帧的理解正确的一项是（　　）。

A. 在视频的关键帧之间抽取一些画面，减少视频的帧数

B. 将视频的帧数增加，使得视频更加流畅

C. 通过抽帧可以增加视频的清晰度

D. 抽帧会导致视频的连贯性受到影响

6. 在短视频剪辑中，能够增强视频的连贯性和视觉效果的是（　　）。

A. 跳切　　B. 甩镜头

C. 旋转镜头　　D. 跟镜头

7. 短视频剪辑中常见的镜头组接方式是（　　）。

A. 顺切　　B. 跳切

C. 反打镜头　　D. 空镜头

8. 在短视频剪辑中，能够增强视频的氛围感和吸引力的是（　　）。

A. 合适的色调处理　　B. 剪辑点的选择

C. 巧妙的音效处理　　D. 合适的转场效果

9. 在短视频剪辑中，能够增强视频的清晰度的是（ ）。

A. 提高色调处理　　B. 增加视频的分辨率

C. 使用缩放转场效果　　D. 应用淡入淡出转场效果

10. 在短视频剪辑中，能够使视频更加流畅和富有艺术感的是（ ）。

A. 合适的剪辑点选择　　B. 巧妙的音效处理

C. 使用特写镜头　　D. 使用过渡效果

三、多选题

1. 下列哪些因素会影响视频的节奏和观感？（ ）

A. 剪辑点的选择　　B. 视频的分辨率

C. 音效处理方式　　D. 视频的帧率

E. 色调处理方式

2. 在短视频剪辑中，常见的转场效果包括（ ）。

A. 淡入淡出　　B. 划变　　C. 缩放

D. 旋转　　E. 跳切

3. 下列哪些设备是短视频拍摄的常用设备？（ ）

A. 手机　　B. 相机　　C. 三脚架

D. 无人机　　E. 滑轨

4. 在短视频剪辑中，常见的镜头组接方式包括（ ）。

A. 顺切　　B. 跳切

C. 反打镜头　　D. 空镜头

E. 重复镜头

5. 下列哪些选项可以提高视频的清晰度？（ ）

A. 提高色调处理效果　　B. 增加视频的分辨率

C. 使用缩放转场效果　　D. 应用淡入淡出转场效果

E. 增加视频的帧率

四、思考题

1. 在短视频制作过程中，你认为使用专业剪辑软件（如 Adobe Premiere Pro 或 Final Cut Pro）与使用移动应用（如剪映）相比有何优势和劣势？针对不同的项目，你会选择哪种工具来进行剪辑，为什么？

2. 剪辑是短视频制作中的关键步骤之一。你认为剪辑决策是在拍摄前还是后做出的？在制作一个成功的短视频时，哪些因素会影响你的剪辑决策？

五、案例分析题

在大学生活中，我们常常拥有许多精彩的瞬间，这些瞬间可以通过制作短视频来永久记录并与他人分享。作为一名大学生，可以策划、拍摄和剪辑一个有趣的校园生活回顾视频，这个视频将展示大学时光中的精彩瞬间。

请制订一个拍摄和剪辑计划，创作一个令人印象深刻的校园生活视频。可以选择使用剪映或 Adobe Premiere Pro 来剪辑。

1. 你计划在大学生活中捕捉哪些关键时刻和场景？请列出至少三个值得展示的内容。

2. 对于拍摄，你将使用哪种设备和镜头？请解释选择的理由。

3. 你打算如何运用不同的拍摄角度和镜头运动来增强视频的视觉吸引力？

4. 你将如何选择合适的音乐，并在剪辑过程中加入音效？

5. 在剪辑过程中，你计划使用哪些剪辑技巧和转场效果来创造连贯、引人入胜的叙事？

6. 你该添加哪些字幕和贴纸来传达重要信息或个人感受？

第五章
不同类型短视频的策划拍摄与后期制作

学习导图

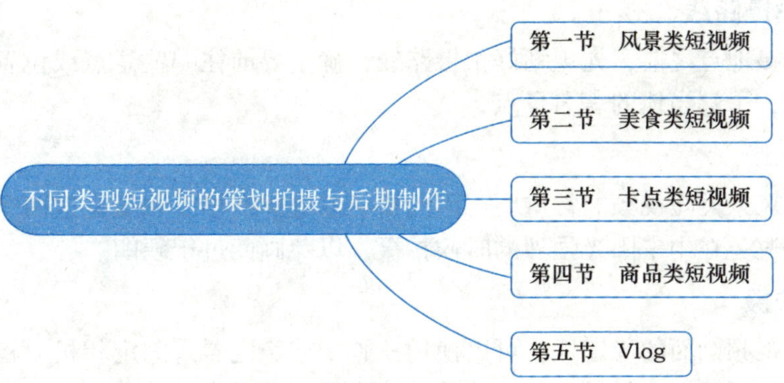

知识目标

1. 了解不同类型短视频的拍摄技巧
2. 了解不同类型短视频的剪辑技巧

能力目标

1. 能够运用差异化的技巧去拍摄相关作品
2. 能够运用差异化的技巧去剪辑相关作品

思政目标

1. 培养学生运用多维视角创作短视频，增强文化自信
2. 培养学生短视频剪辑的全局思维，增强全局观念
3. 通过风景类短视频制作，增强学生的生态文明观念，投身生态文明建设
4. 通过美食类短视频制作，弘扬中华优秀美食文化，增强文化自信
5. 通过 Vlog 短视频制作，培养学生热爱生活的态度
6. 通过卡点类短视频的制作，引导学生积极传播正能量

第一节　风景类短视频

一、前期拍摄技巧

风景类短视频是以美景为主要内容的视频，拍摄过程相对简单，但也需要一定的技巧来保证画面质量。风景类短视频前期拍摄技巧有以下方面。

1. 规划拍摄路线

在前往拍摄地点之前，先规划好拍摄路线，确定要前往哪些景点或位置。可以事先查阅地图或网络，了解当地的著名景点。

2. 注意光线

光线对于风景类短视频非常重要，因此要尽量选择在早晨和黄昏这两个光线柔和的时段进行拍摄。避免在中午阳光强烈的时候拍摄，以免画面过于硬朗。

3. 稳定拍摄

为了确保视频画面的稳定性，可以使用三脚架或稳定器来固定相机。稳定的画面更容易给人以良好的观感，应尽量避免快速移动镜头或频繁变焦。

4. 使用合适的镜头

拍摄风景类短视频通常需要使用广角镜头，以便捕捉更多的景物和更广阔的视角。广角镜头可以突出景物的壮丽和广袤感。

5. 多角度拍摄

在同一个风景点，可以尝试从不同角度和位置拍摄，以获得更多不同的画面效果。可以尝试从低角度和高角度拍摄，或者通过变换拍摄位置来丰富画面。

6. 关注细节

除了整体风景，还可以关注一些细节，如花朵、小动物或者特殊的建筑物。这些细节可以提高画面的趣味性和吸引力。

7. 拍摄多样化

在拍摄过程中要尽量捕捉不同类型的风景，包括山水、湖泊、森林、城市等。多样化的风景可以为短视频增色许多。

8. 注意构图

构图是风景类短视频中不可忽视的要素。要尽量遵循构图规则，如“三分法则”“对角线法则”等，使画面更具吸引力。

9. 留意变化

如果在拍摄过程中有突发的自然变化，如日落、云彩变化等，要及时调整拍摄角度和位置，捕捉这些美妙的瞬间。

二、后期制作步骤

1. 创建并导入视频素材

如图 5-1 所示，打开剪映 App，并登录账号，点击“开始创作”按钮，将之前拍摄的风景视频素材从手机相册导入剪映中。

图 5-1　剪映 App 页面

2. 剪辑视频素材

将视频素材导入时间轴区域，按照顺序排列，使用分割工具对视频进行剪辑，删除不需要的片段，保留精彩部分，如图 5-2 所示。

图 5-2　剪辑素材

3. 添加音频

如图 5-3 所示，可在剪映的音频库中选择适合风景视频的背景音乐，并将其添加到视频中。调整音频的音量，确保音乐和视频的声音搭配得当，不会互相干扰。

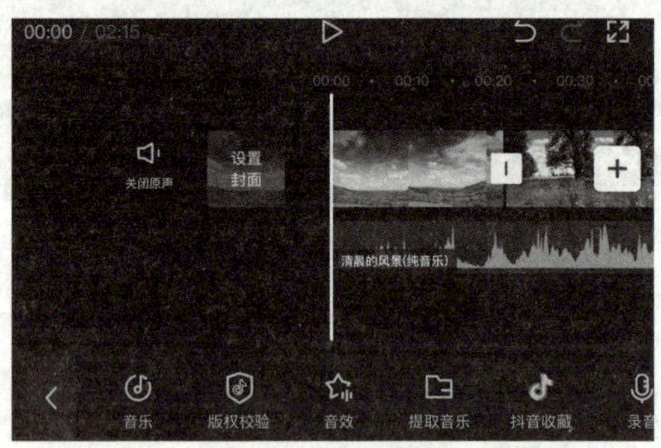

图 5-3　添加音频

4. 设置转场

点击视频，选择合适的转场效果，使得视频之间的过渡更加流畅。可以根据视频内容和风格选择不同的转场效果，如叠化、运镜、模糊等，如图 5-4 所示。

图 5-4　设置转场

5. 添加字幕

如图 5-5 所示，在视频中添加字幕，可以标注地点、时间，或者表达一些情感和观点。要选择合适的字体、颜色和大小，确保字幕清晰可读，并与视频内容相符。

图 5-5　添加字幕

6. 调整视频效果

如图 5-6 所示，可使用剪映的调色工具，调整视频的亮度、对比度、饱和度等参数，使视频色彩更加生动鲜明。

图 5-6　调色

7. 预览与修改

如图 5-7 所示，在编辑过程中，点击播放键可以随时预览视频效果，并根据需要进行修改和调整，直到获得满意的效果为止。

图 5-7　预览与修改

8. 导出并查看短视频

完成所有编辑和调整后，点击导出按钮，然后剪映会生成并导出编辑好的风景类短视频，如图 5-8 所示。

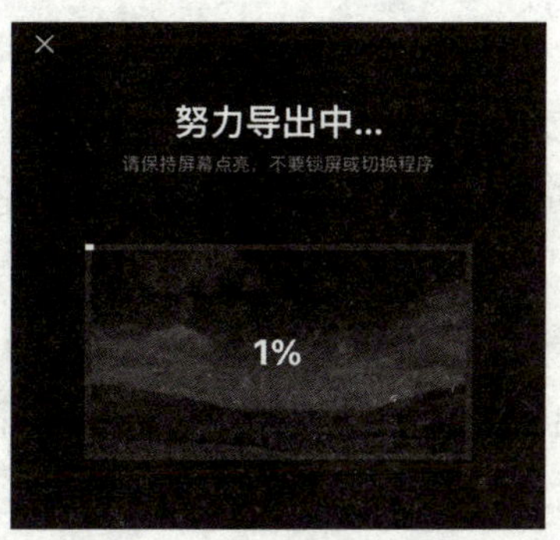

图 5-8　导出与查看

可以在剪映中预览导出的短视频，确保视频效果满意后，即可分享给朋友或上传到社交媒体平台。

第二节　美食类短视频

一、前期拍摄技巧

美食类短视频是以食物为主要内容的视频，拍摄过程需要精心策划和严格把控，以展现食材的制作步骤和美味诱人的效果。美食类短视频前期拍摄技巧如下。

1. 策划和准备

在开始拍摄之前，先仔细策划视频内容，确定要制作的食物种类和制作步骤。准备好所需的食材、厨具和器皿，并确保拍摄环境干净整洁。

2. 关注食材细节

食材是美食类短视频的重要元素，要特别关注食材的色彩、质地和形状等细节。可以使用特写镜头捕捉食材的细节，让观众得以仔细观察。

3. 注意制作步骤

美食类短视频需要展现食物的制作过程，因此要注意拍摄每个步骤的细节。可以使用快速剪辑和变速效果来展示制作过程，保持节奏感。

4. 多角度拍摄

为了呈现更好的视觉效果，可以从不同角度拍摄食物的制作过程。尝试从上、下、左、右等不同角度拍摄，让观众全方位感受美食的魅力。

5. 灯光和色彩

要保证拍摄食物的色彩真实自然，灯光非常重要。可以使用柔和的光线，避免使用强烈的反光和阴影。

6. 拍摄稳定

为了保证画面的稳定性，建议使用三脚架或稳定器进行拍摄。稳定的画面能让观众获得更好的观看体验。

7. 转场和景别切换

在美食类短视频中，可以适当加入转场效果和景别切换，让视频更流畅，从而更具吸引力。

8. 关注细节和装饰

除了制作过程，还要关注食物的摆盘和装饰。可以使用特写镜头捕捉装饰的细节，增加视频的美感和艺术性。

9. 吸引人的视觉效果

可以使用一些吸引人的视觉效果，如慢动作、快速切换、画中画等，增加视频的趣味性和创意。

10. 创意拍摄

在拍摄过程中可以尝试一些创意拍摄手法，如倒放、变速等，让视频更加有趣和独特。

二、后期制作步骤

美食类短视频的后期制作是将前期拍摄的素材进行剪辑和加工，使其成为精美的短视频作品。美食类短视频后期制作的详细步骤如下。

1. 创建并导入视频素材

打开剪映 App 点击开始创作，如图 5-9 所示，将前期拍摄的视频素材导入剪映中。可以从相册中导入，或者直接从剪映素材库中选择。

图 5-9　打开剪映

2. 剪辑视频素材

在时间轴上对导入的视频素材进行剪辑。根据前期拍摄的脚本和策划，选择合适的镜头，保持视频的节奏和流畅度。使用剪映提供的分割、删除、复制等工具进行剪辑，如图5-10所示。

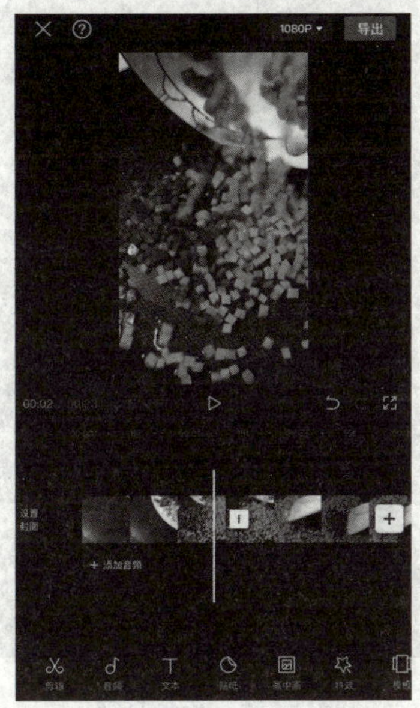

图 5-10　剪辑视频素材

3. 添加音频

如图5-11所示，选择适合的背景音乐或音效，将其添加到视频中。确保音频和视频的内容相符，增强视频的氛围和节奏感。调整音频的音量和时长，以获得最佳效果。

图 5-11　添加音频

4. 设置转场

如图 5-12 所示，在视频素材之间添加转场效果，使镜头切换更加流畅和自然。可以使用剪映提供的多种转场效果，如淡入淡出、快速切换等。

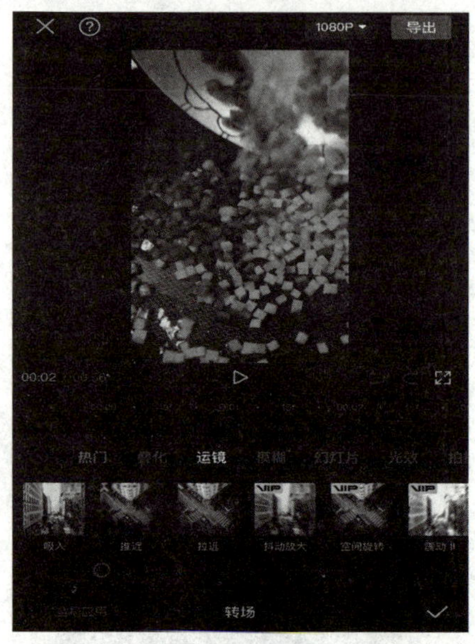

图 5-12　设置转场

5. 添加字幕

如图 5-13 所示，根据视频内容，可以添加适当的字幕和文本效果。字幕可以用来展示食材名称、制作步骤或者一些吸引人的文字说明。调整字幕的位置、字体、颜色和时长，使其更加美观和易读。

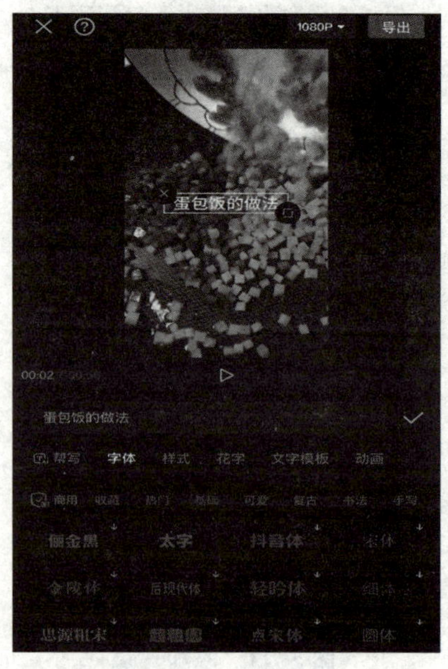

图 5-13　添加字幕

6. 调整画面

使用剪映提供的调节工具，如亮度、对比度、色温等，调整视频画面的效果，使其更加鲜明和生动，如图 5-14 所示。

图 5-14　调整画面

7. 导出并查看短视频

如图 5-15 所示，在编辑完成后，点击导出按钮，选择合适的输出参数，生成并导出编辑好的美食类短视频。导出完成后，可以预览短视频。

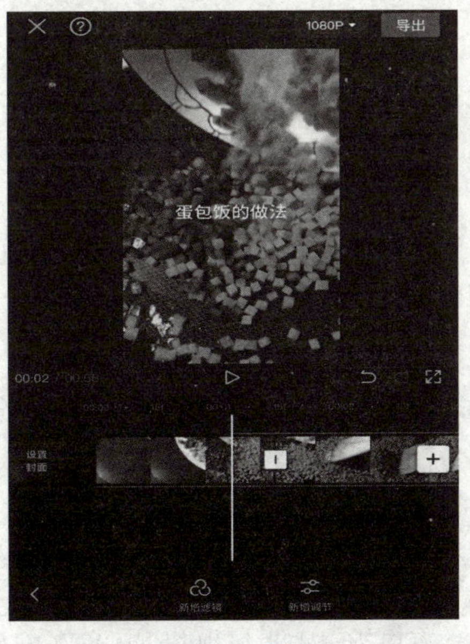

图 5-15　导出

第三节　卡点类短视频

一、前期拍摄

卡点类短视频是一种特殊的视频，它以快速剪辑和动作切换为特点，通常涉及多个场景和角色的换装。

（一）卡点类短视频前期拍摄技巧

1. 精心策划

在拍摄前，进行充分的策划和构思。确定视频的主题和故事情节，规划好每个场景和角色的换装和动作，确保整个视频的节奏和流畅度。

2. 准备好道具和服装

根据视频内容，准备好所有需要的道具和服装。要确保道具的质量和适用性，服装的风格和配色要与视频主题相符。

3. 注意灯光和拍摄环境

在拍摄过程中，注意灯光的设置和拍摄环境的布置。确保光线明亮均匀，背景整洁干净，避免噪声影响。

4. 使用稳定设备

由于卡点类短视频涉及多个动作和换装，使用稳定设备如手持云台或稳定器可以保证视频画面的稳定和流畅。

5. 多角度拍摄

为了获取更多的素材和切换场景，可以尝试从不同角度拍摄同一场景，包括近景、远景、俯拍、仰拍等。

6. 制订拍摄计划

在拍摄前要制订拍摄计划，按照场景和角色的顺序进行拍摄。在拍摄时，可以使用倒计时功能或者拍摄指南来帮助调整动作和换装。

7. 灵活调整

拍摄过程要灵活，根据实际情况调整动作和换装的细节。有时候可能需要多次尝试才能达到理想的效果。

8. 注意细节

卡点类短视频强调节奏和切换，但细节也同样重要。要注意动作的流畅性、服装的整洁、道具的摆放等，确保整个视频的质量和完整。

充分运用前期拍摄技巧，可以为卡点类短视频创作准备充足的素材和创意，为后期制作奠定坚实的基础。同时，灵活调整和重复尝试也是获得出色作品的关键。

（二）注意事项

在拍摄卡点类短视频时，除了注意视频画面的节奏和切换，更要注意音频的鼓点和节奏。音频在短视频中起着至关重要的作用，可以增强短视频的视听效果，使观众获得更好的观影体验。

要精准地踩中音频的鼓点和节奏，需要注意以下几个方面。

1. 音乐的选择

选择适合视频内容和风格的音乐，节奏和节拍要与视频的节奏相匹配。如果有特定的动作或换装，可以根据音乐的节奏来调整动作和换装的时间点，使其与音乐的节奏相一致。

2. 剪辑音频

在后期剪辑时，可以根据需要剪辑音频，将音频的片段调整到最适合的地方。可以根据视频的内容和节奏，将音频的高潮部分与视频的高潮部分相匹配，增强视频的冲击力和吸引力。

3. 节奏感

在拍摄过程中，要有意识地感受音乐的节奏，根据音乐的节奏来调整动作和换装的速度及顺序。可以在拍摄时播放音乐，让动作和换装速度与音乐的节奏相协调。

4. 音频特效

在后期制作中，可以添加一些音频特效来增强视频的节奏感。比如，在做重要的动作和换装时添加音效，让观众在听到音效的同时看到画面的变化，增强观赏体验。踩中音频的鼓点和节奏可以让卡点类短视频更加生动有趣，营造出更好的视听效果，更加吸引观众的注意力。因此，在制作卡点类短视频时，要有意识地把握音频的鼓点和节奏，使之与视频的节奏相呼应，以获得更好的创作效果。

二、后期制作

卡点类短视频的后期制作步骤如下。

1. 创建并导入视频素材

打开剪映 App，点击“开始创作”，创建一个新的项目。

导入之前拍摄好的视频素材，将它们添加到项目的素材库中。

2. 剪辑视频素材

在时间轴上将视频素材按照顺序排列，调整它们的顺序以实现卡点效果。可以使用拖拽、分割和删除等工具来调整视频素材的长度和位置。

3. 设置转场

如图 5–16 所示，在相邻的视频素材之间添加转场效果，如叠化、运镜、模糊等，以增强视频的节奏感和冲击力。

图 5-16　设置转场

4. 添加字幕

如图 5-17 所示，根据需要在视频中添加字幕，可以用来强调关键信息、增加幽默感或补充视频内容。

图 5-17　添加字幕

5. 音频处理

选择适合视频内容和风格的音乐，将其添加到时间轴上。确保音乐的节奏和节拍与视频的节奏相匹配。调整音频的音量，确保音乐和视频素材之间的平衡。

如 5-18 所示，如果有需要，可以添加音效，以增强视频的音乐效果。

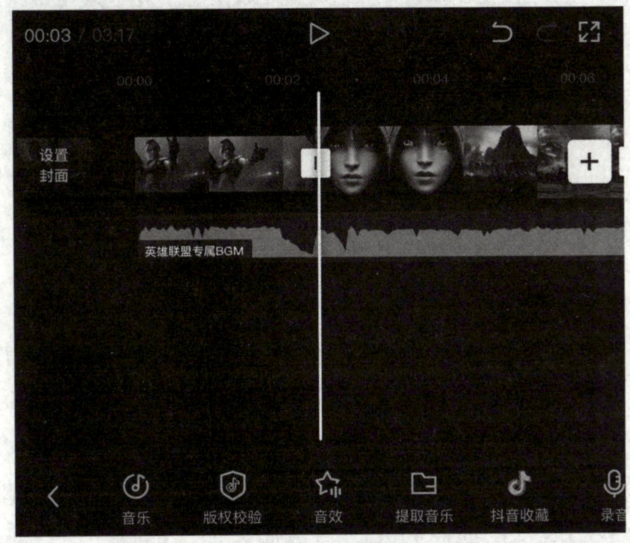

图 5-18 音频处理

6. 导出并查看短视频

在剪辑完成后，点击导出按钮，如 5-19 所示。视频导出后，可以在手机相册或剪映中查看制作好的卡点类短视频。

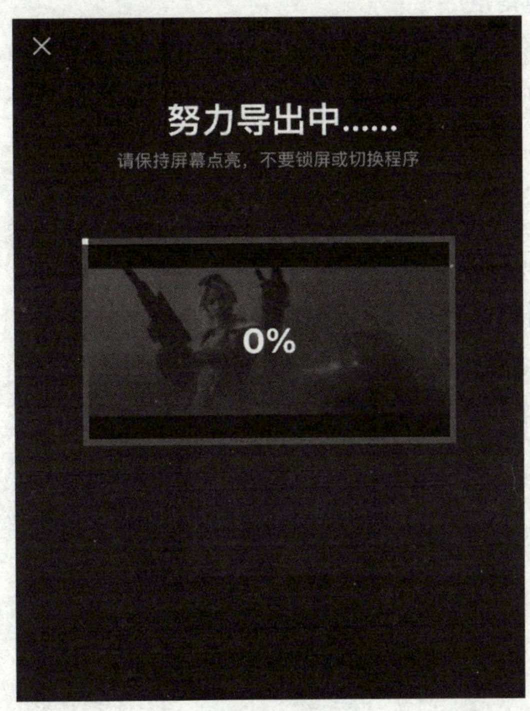

图 5-19 导出

第四节　商品类短视频

一、前期拍摄

商品类短视频是一种宣传和推广商品的重要方式。下面以护肤品短视频为例进行简要介绍。

（一）护肤品短视频的拍摄技巧

1. 确定目标受众和风格

在拍摄前要明确目标受众，了解他们的喜好和需求，以及想要传达的品牌风格。不同受众可能对颜色、音乐、文字风格等有不同的喜好，要根据目标受众的特点来确定拍摄风格。

2. 构思剧情

在拍摄前要先构思一个简要的剧情，包括视频的开始、中间和结尾部分。剧情应该紧凑且有吸引力，能够吸引观众的注意力并引导他们关注产品。

3. 选择合适的场景和道具

根据护肤品的特性和品牌形象，选择合适的拍摄场景和道具。例如，如果是天然有机的护肤品，可以在自然环境下拍摄；如果是豪华高端品牌，可以选择高档场所和特定道具来展示产品。

4. 注意光线和拍摄角度

光线对于护肤品拍摄非常重要，要避免过暗或过亮的环境，以确保清晰而柔和地展示产品的质感和细节。同时，要选择不同的拍摄角度来展示产品的不同面貌，以便提高短视频的观赏性。

5. 强调产品特点

在拍摄过程中，要特别注意强调护肤品的特点和优势，例如添加特写镜头以展示产品的细节，或者通过实验或对比等方式来突出产品的效果。

6. 制作多样化的内容

可以尝试制作不同风格和形式的护肤品短视频，如教程、试用、用户测评等，这样能够吸引更多不同类型的观众，提升品牌知名度。

7. 使用合适的配乐和声音效果

选择合适的配乐和声音效果来营造合适的氛围。配乐要与品牌形象相符，不要过于喧闹或夸张，以免分散观众的注意力。

（二）注意事项

1. 拍摄出液体类化妆品的通透感

要使用透明的玻璃容器或特殊材质的容器，以便观众能清晰地看到护肤品的质地和颜色。在拍摄时，注意光线的利用，可以通过侧光或背光来提高护肤品的透明感。

2. 巧用道具

可以考虑使用配套的道具，如鲜花或彩色灯光，来提升视频的视觉效果和艺术感。

要将道具与护肤品的特性相结合，让道具与护肤品的形象产生关联，加深观众对产品的印象。

3. 配音要自然

在拍摄时，要确保没有噪声干扰，以便后期配音更加清晰和自然。

可以录制一些拍摄现场的环境声音，如水流声等，用于后期混音，增强真实感。

4. 注意特写镜头的使用

使用特写镜头展示护肤品的质地和颗粒等细节，提高观众对产品的信任度。可以通过不同角度的镜头来呈现护肤品的使用场景，提升视觉吸引力。

5. 选择合适的配乐

选择与护肤品短视频风格和品牌定位相符的配乐，以增强视频的氛围和情感。配乐要符合视频的节奏和节拍，使整个短视频更加和谐。

总之，护肤品短视频的前期拍摄需要关注产品的特性和形象展示，要借助道具和光线的运用优化视觉效果，同时要确保音乐的选择适合品牌风格。通过精心的策划和拍摄，可以制作出吸引人的短视频，提升产品的知名度和信任度。

二、后期制作

商品类短视频的后期制作是将前期拍摄的素材进行剪辑和加工，使其成为精美的短视频作品。

商品类短视频后期制作的详细步骤

1. 创建并导入视频素材

打开剪映 App 点击“开始创作”创建一个新项目。

2. 视频剪辑

将素材拖拽到时间轴中，调整顺序和持续时间，裁剪视频片段，删除不需要的部分。如图 5-20 所示。

3. 添加文字

如图 5-21 所示，点击“文字”选项，选择文字样式、颜色和字体，添加商品信息、促销文本等。

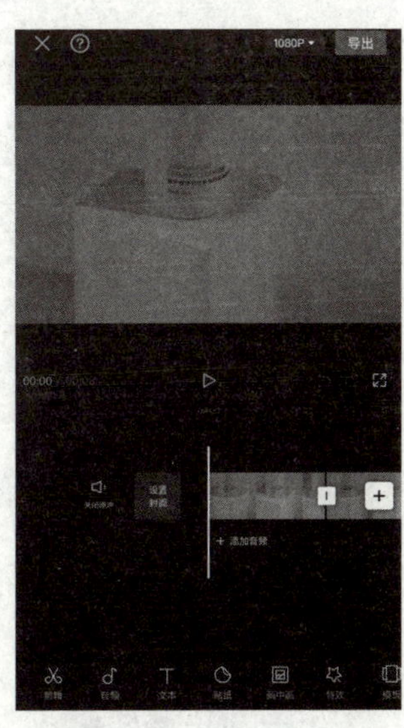

图 5-20　视频剪辑

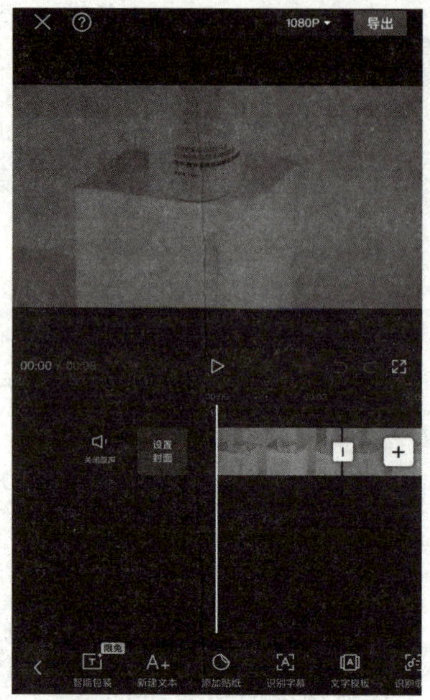

图 5-21　添加文字

4. 添加音乐

如图 5-22 所示，点击“音乐”选项，选择背景音乐，确保与商品和品牌风格相符。

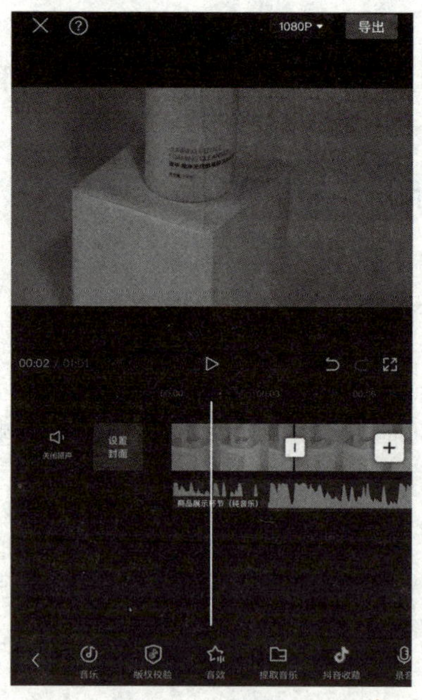

图 5-22　添加音乐

5. 过渡效果

点击“白色转场+”选项，选择过渡效果，使视频切换更平滑，如图 5-23 所示。

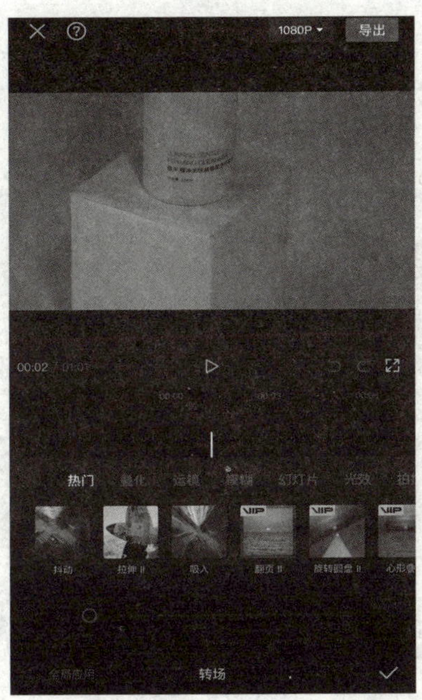

图 5-23　转场

6. 滤镜和特效

点击“滤镜”选项，为视频添加滤镜和特效，增强视觉效果，如图 5-24 所示。

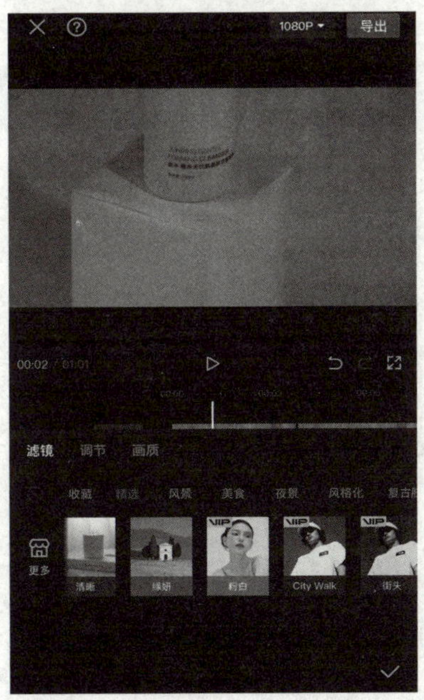

图 5-24　滤镜

7. 调色和亮度

点击“调色”选项，调整视频的亮度、对比度、饱和度等，使画面更生动。

8. 预览和调整

如图5-25所示，编辑过程中，可随时点击播放按钮预览视频。如需调整，返回相应步骤进行修改。

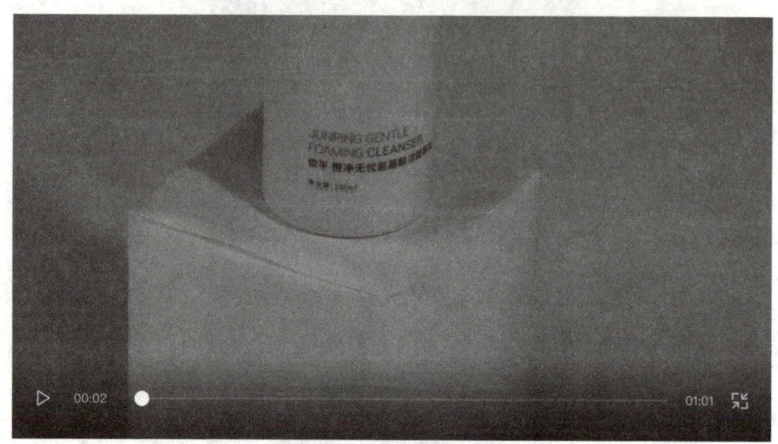

图5-25　预览

9. 导出和分享

编辑结果满意后，选择视频分辨率和质量，点击右上角的“导出”按钮。视频导出后，可分享到社交媒体平台，或发送给他人，或保存到手机相册。

第五节　Vlog

一、Vlog的前期拍摄

Vlog（Video Blog）是一种以视频形式记录日常生活、旅行经历和见闻的个人博客。它不仅可以记录生活中的美好瞬间，还能与观众分享自己的经验和感悟，一般可以分为生活化Vlog和旅拍Vlog。

生活化Vlog和旅拍Vlog是两种不同风格的视频，在内容呈现和拍摄目的上有着明显区别。

（一）生活化Vlog

生活化Vlog是一种以日常生活为主题的视频日志（图5-26），旨在记录和分享个人的日常点滴、情感体验和生活态度。生活化Vlog的内容主要包括以下几方面。

（1）展示日常活动和兴趣爱好，如运动锻炼、烹饪美食、绘画、摄影、音乐演奏、手工制作等，通过这些内容展现个人的爱好和创造力。

（2）涵盖了家庭生活的点滴和趣事，记录和分享与家人一起度过的时光、孩子的成长瞬间、家庭聚会、节日庆祝等，展示家庭的温暖和幸福。

图 5-26 制作生活 Vlog 的工作界面

（3）分享工作和学习中的经历和心得，包括上班路上的见闻、工作中的挑战和成就、学习新知识的过程和体会、个人成长的点滴等。

（4）表达情感，分享喜怒哀乐、对某些事件的看法和观点，以及面对挑战时的心理感受等。这样的内容能够让观众更加深入地了解创作者的内心世界。

（5）记录旅行前的准备过程，如打包、行程规划等，以及分享游记，回顾旅行中的回忆和体验，或者介绍在旅行中发生的有趣事件。

（6）分享个人对书籍、电影、音乐等作品的评价，展现个人的文化兴趣和品位。

（7）用于传播环保和公益理念，记录个人参与公益活动或环保行动的过程，鼓励更多人参与社会公益事业。

生活化 Vlog 的魅力在于它贴近日常生活，展现真实的自我和情感。通过记录和分享这些日常细节，创作者能够与观众建立更为亲近的联系，并在平凡的日子里发现美好和意义。

（二）旅拍 Vlog

旅拍 Vlog 是以旅行为主题的视频日志（图 5-27）。

它注重记录和分享旅行中的经历、景点、文化和体验，旨在向观众传递旅行目的地的特色和魅力。旅拍 Vlog 的拓展内容包括丰富的旅行干货和攻略，如旅行目的地的历史背景、风土人情、当地美食和特色活动等，这些信息对计划前往该目的地的观众非常有用，能够帮助他们更好地规划行程和享受旅行。

旅拍 Vlog，可以展示旅行目的地的美丽风景和著名景点，通过高质量的拍摄展现出令人叹为观止的自然风光和人文景观。观众可以通过 Vlog 感受到这些美景的魅力，并从中获得视觉上的愉悦和满足。

除了风景和景点拍摄，旅拍 Vlog 还可以记录旅行中的各种体验和文化交流。例如，

图 5-27 制作旅行 Vlog 的工作界面

参加当地的传统活动，体验当地的风土人情，与当地居民交流等。这些内容能够让观众更深入地了解目的地的文化和风情，感受异国他乡的独特魅力。

与生活化 Vlog 不同，旅拍 Vlog 更加注重抒情，多通过旁白、音乐和镜头语言，表达作者的感悟。观众可以从 Vlog 中感受到作者对旅行的独特理解和情感体验，并与之产生共鸣。

另外，在旅行中会有一些有趣的小故事发生，旅拍 Vlog 可以将这些有趣的瞬间记录下来，让观众感受到旅行的欢乐和趣味，增加 Vlog 的趣味性和吸引力。

除了呈现内容，旅拍 Vlog 还可以与观众进行互动，如询问观众的旅行经历、请观众推荐旅行目的地，或者回答观众关于旅行的问题。这样的互动能够增加观众的参与感和黏性，使观众更加积极地与作者互动。

旅拍 Vlog 不仅仅是简单地记录旅行过程，更能够为观众提供更多实用信息和感性体验，让观众在欣赏 Vlog 的同时，也能够收获关于旅行的美好和意义。

总的来说，生活化 Vlog 注重记录日常生活中的点滴，旨在展示个人生活的丰富多彩；而旅拍 Vlog 则聚焦于旅行体验，旨在向观众传递旅行目的地的特色和魅力。两者在内容、风格和表现手法上都有明显差异，但都是通过视频形式表达创作者对生活和旅行的热爱和感悟。无论是生活化 Vlog 还是旅拍 Vlog，都是有趣、有意义的视频日志，获得了不同观众群体的喜爱。

二、Vlog 的制作流程

1. 确定主题和内容

首先要确定 Vlog 的主题，如旅行、美食、日常生活等；然后确定 Vlog 的具体内容，如要讲述什么故事、介绍什么经历，确保内容有趣且有吸引力。

2. 制订拍摄计划

在拍摄前制订拍摄计划是非常重要的。安排好每天的拍摄日程，包括时间、地点和活动顺序，可以确保拍摄顺利进行，不会遗漏重要内容。

3. 设计情节

Vlog 制作流程中的设计情节非常重要，决定了 Vlog 的内容质量和观众体验。明确 Vlog 的内容，突出其亮点和独特之处，合理设计情节和节奏，添加情感和故事性，以及考虑后期制作，能打造出更具吸引力和影响力的 Vlog 作品。Vlog 的内容要保持连贯性和一致性，才能使 Vlog 成为观众愿意一直追随的故事。

（1）Vlog 制作流程中设计情节的要点

①确定 Vlog 的内容。要明确 Vlog 的主题和内容，确保 Vlog 有一个明确的中心思想或目标。Vlog 的内容可以是旅行日记、美食探索、生活分享、专业教程等，关键是要确定一个主要内容方向，以便在整个 Vlog 中保持一致性和连贯性。

②突出亮点和独特之处。Vlog 需要有吸引人的亮点和独特之处，如特别有趣的地点、美食、活动，或者是一些特殊的经历和见解。通过突出亮点，可以吸引观众的注意力，让他们更愿意持续观看和关注 Vlog。

③设计情节和节奏。在确定 Vlog 内容后，要合理设计情节和节奏，避免单调的连续拍摄，可以有适度的镜头切换和转场过渡，增加变化性。同时，要注意叙述方式，可以采用手持自拍叙事、声音旁白叙事和固定机位叙事等不同方式，使 Vlog 更加生动有趣。

④添加情感和故事性。为 Vlog 增加情感和故事性是吸引观众的重要方式。可以在叙述中展现真实的情感和感受，让观众更容易产生共鸣。同时，可以将 Vlog 串联成一个故事，让观众获得情感体验，增加参与感。

⑤考虑后期制作。在设计情节时，要考虑后期制作的可能性。合理安排素材的采集和整理，以便在后期进行剪辑和处理。后期制作是提高 Vlog 质量的重要环节，可以加入特效、音乐、字幕等元素，使 Vlog 更具专业性和视觉冲击力。

（2）Vlog 设计情节的注意事项

在设计 Vlog 的情节时，内容和技法是两个重要方面，优质的内容和成熟的技法能够吸引观众并提升 Vlog 的品质。

①内容上。在 Vlog 中，要尽量选择能够引发观众共鸣的主题和情感，展现自己的真实感受和经历，更容易与观众建立情感连接，形成情感共鸣；设计一个引人入胜的剧情转折，能够增加观众的好奇心和悬念感，可以在关键时刻进行转折，为观众制造意外和惊喜。

②技法上。一个有创意的开场，可以是引人入胜的画面、有趣的配乐或者出人意料的展示方式，能让观众在视频最开始就被吸引；可以在 Vlog 中尝试运用一些不同寻常的视角和拍摄手法，如鸟瞰视角、低角度、烤箱视角等，这些奇特视角可以增加视频的趣味性和创意性，让 Vlog 更加与众不同。

在设计情节上注重内容上的共鸣和剧情转折，以及技法上以创意开场和运用奇特视角，可以为 Vlog 增色不少。这些元素有助于激发观众的兴趣并提高 Vlog 的观看度。在 Vlog 制作过程中，只有不断尝试创新，找到适合自己风格的设计，才能为观众呈现出更加引人入胜的视频内容。

4. 具体拍摄

（1）准备好拍摄设备。Vlog 可以使用手机、相机或专业摄像机进行拍摄。无论使用何种设备，都要确保设备电量充足，以及准备好备用储存卡和其他必要的配件。

（2）关注画面稳定性。在拍摄 Vlog 时，画面的稳定性非常重要，可以保证观众获得良好的观看体验。可以使用三脚架、手持稳定器或手机云台等设备来提升画面稳定性。

（3）注意光线和背景。光线和背景是影响视频质量的关键因素，要尽量选择自然光线明亮的环境拍摄，避免强烈的逆光。同时，注意背景的整洁和与主题的相关性，避免出现分散观众注意力的杂物。

（4）选择叙事方式。拍摄 Vlog 通常可以采用三种叙事方式：手持自拍叙事（A roll）和声音旁白叙事（B roll），以及固定机位叙事。这三种叙事方式在 Vlog 制作中都起着重要作用，可以根据不同情况灵活运用，增强 Vlog 的叙事效果和观赏性。

①手持自拍叙事，又称“A roll”，是指 Vlog 作者将摄像头面向自己，通过自拍的方式进行叙述和讲解，如图 5-28 所示。这种叙事方式让观众近距离感受到作者的真实情感，增加视频的亲切感和互动性。在手持自拍叙事中，Vlog 作者可以用自然流畅的口吻，介绍旅行经历、日常生活、产品测评等内容，同时可以展示自己的情绪和反应，使观众更贴近作者的生活和体验。

图 5-28　手持自拍叙事（A roll）

②声音旁白叙事，即 B roll，是指在 Vlog 中加入后期录音或配音，让声音与视频画面相辅相成，解说视频内容。在声音旁白叙事中，Vlog 作者可以用更为详细和深入的语言，解释场景、讲述故事、分享见解等，增加视频的信息量和理解性。这种叙事方式适用于需要更多文字说明或情感表达的场景，也可以在场景切换时制造过渡和串联的效果，使整个 Vlog 更加连贯和流畅。

在 Vlog 制作中，手持自拍叙事（A roll）和声音旁白叙事（B roll）常常结合运用，相互补充，使 Vlog 的内容更具多样性和丰富性。创作者可以根据视频内容的需要和自己的风格，选择合适的叙事方式，让观众可以观看一个生动有趣、内容丰富、具有情感共鸣的 Vlog。创作时要注意叙事的语言表达和节奏控制，以及剪辑和后期处理的技巧，从而打造出高质量的 Vlog 作品。

③固定机位叙事是 Vlog 制作中另一种常见的叙事方式。与手持自拍叙事（A roll）和声音旁白叙事（B roll）不同，固定机位叙事是将摄像机或手机放置在固定位置，然后记录场景中的动作和事件，无须过多的镜头切换或拍摄者自身出现在画面中。

这种叙事方式在 Vlog 中具有很多优点和应用场景。首先，使用三脚架或其他固定支架可以得到稳定且专业的画面，特别适用于拍摄美食、旅行风景、自然风光等场景，观众可以更加专注地欣赏画面中的细节和美景，获得更好的观赏体验。其次，固定机位叙事在展示教程和演示过程时非常有效。无论是美妆教程、烹饪过程还是手工制作，通过固定机位叙事，观众可以清楚地看到每个步骤，更好地学习和模仿，提高实用性和教育性。除此之外，固定机位叙事也适用于讲述故事或记录活动。在户外露营、户外运动、家庭聚会等场景中，通过固定机位记录整个过程，能使观众感受到真实的场景，从而产生情感共鸣。

在 Vlog 制作中，固定机位叙事可以与手持自拍叙事和声音旁白叙事结合使用。在后期剪辑中，将固定机位的素材与其他镜头切换使用，呈现丰富多样的画面，提升叙事效果和观赏性。

在使用固定机位叙事时，需要注意一些要点。确保摄像机稳定，使用合适的支架或三脚架，避免画面晃动，保持稳定的拍摄效果。同时，要考虑构图和场景的选择，确保画面有足够的吸引力和视觉冲击力。另外，控制拍摄时长也很重要，抓住关键时刻和有趣的内容，能避免观众产生视觉疲劳和厌倦。

（5）拍摄技巧

拍摄技巧主要注重奇特的视角和在慢动作场景中使用“升格”效果，奇特视角是一种创新的视频拍摄方式，通过不同的视角展现日常生活中的有趣瞬间。在 Vlog 中，奇特视角有三种。

①衣柜视角。如图 5-29 所示，将摄像头放置在衣柜内部，记录日常穿衣搭配和选衣服的过程。观众可以近距离地观察创作者的衣物选择和搭配技巧，了解他们的时尚品位和日常着装习惯。此外，衣柜视角还可以加入一些有趣的元素，如展示不同季节的衣物、挑战换装速度等，从而增加 Vlog 的趣味性。

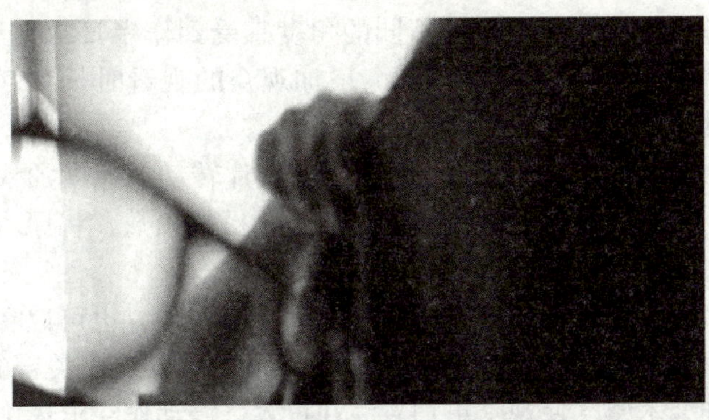

图 5-29　衣柜视角

②烤箱视角。如图 5-30 所示，将摄像头放置在烤箱内部，记录烹饪过程和食物的变化。创作者可以用烤箱制作各种美味食物，观众可以通过镜头欣赏食物在烤箱中逐渐从原材料到成品的转变过程。这种视角能够让观众贴近烹饪的全过程，增加观众的食欲。

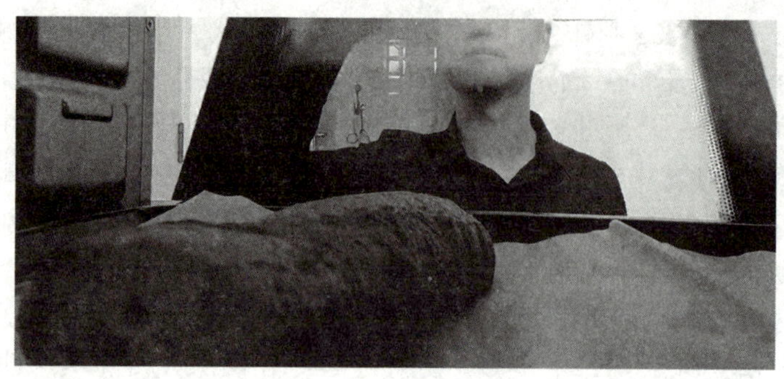

图 5-30　烤箱视角

③冰箱视角。如图 5-31 所示，将摄像头放置在冰箱内部，记录食材的摆放和取用过程。创作者可以展示冰箱里的各种食材，如蔬菜、水果、奶制品等，展示家庭的饮食习惯和健康生活方式。观众可以通过这种视角了解创作者的日常膳食和食材储备，同时也可以获取一些健康饮食的建议和灵感。

图 5-31　冰箱视角

这三种有趣的拍摄方式，让观众从不同的角度感受到作者日常生活中的点滴和趣事。这样拍摄的 Vlog 能够吸引更多观众的注意，增加观众的观看时长和互动，同时也能展现创作者的创意和个性。

“升格”是一个电影术语，指的是摄影机带动胶片转动的速度加快，从而在播放时呈现出慢动作的效果。在电影摄制过程中，通过增加拍摄的帧数，将原本的正常速度在更高的帧率下播放，会产生影片慢放的效果。

因此，这种技术可以在后期制作时通过调整帧率来实现，也可以在拍摄阶段就使用高帧率摄影机进行拍摄。在慢动作场景中使用升格效果，可以突出关键时刻的细节和动作，增强视频的戏剧性和艺术感，使观众更加专注和投入。慢动作在电影中常常用于呈现激烈的战斗、追逐、舞蹈以及其他需要强调动作细节的场景。在短视频中加入慢动作是一种升格的方法，能够为视频增添戏剧性、艺术感和视觉冲击。慢动作的运用突出关键时刻，能让观众更加专注于细节，并加强情感表达。慢动作升格的技巧有以下几种。

①选择合适的场景和时刻。慢动作最适合高潮时刻、关键时刻或者具有特殊美感的场

景。例如，运动场上的得分瞬间、花朵绽放的瞬间、水花飞溅的瞬间等，这些都是运用慢动作的绝佳时刻。

②慢动作要适度。过于缓慢的慢动作可能会使观看变得乏味，过快则可能无法展现出足够的细节。要根据场景和音乐的节奏来调整慢动作的速度，保持画面的流畅性和美感。

③配合适宜的音乐。音乐是慢动作的重要辅助元素，能够增强视频的氛围和感染力。选择合适的背景音乐，使其与慢动作画面相呼应，能够营造出更加引人入胜的视听效果。

④注意过渡和连贯性。慢动作的切换应该自然流畅，避免过度使用而影响整体节奏和观看体验。要保持慢动作与正常速度的自然过渡，避免画面突兀。

⑤掌握好慢动作的时长。慢动作的时长不宜过长，否则可能会分散观众的注意力。要抓住关键瞬间，并在适当的时候结束慢动作，使画面恢复正常速度，保持视频的节奏感。

5. 剪辑要点

Vlog 剪辑是制作一个成功的 Vlog 的关键步骤。Vlog 剪辑的要点如下。

通过巧妙的剪辑手法，在 Vlog 中制造出特别的效果，增强观众的观赏体验，称为“剪辑魔术”。其中，动作的连贯和一致性是非常重要的因素（图 5-32，图 5-33）。Vlog 剪辑魔术的技巧有以下方面。

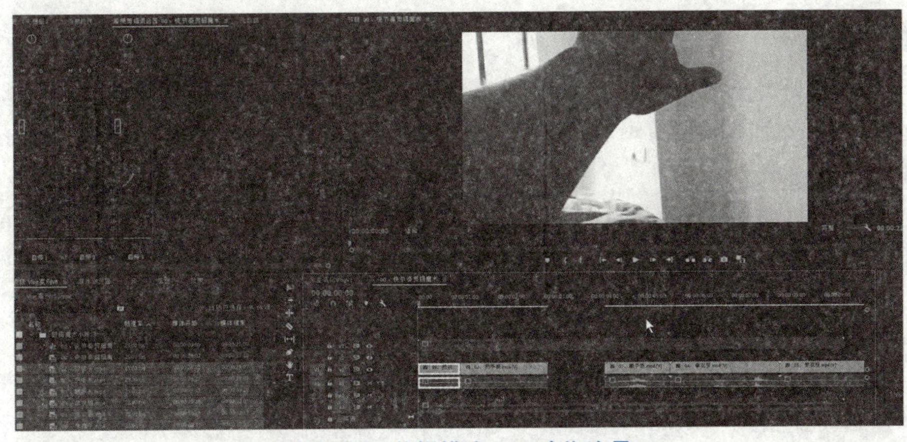

图 5-32　剪辑模式——动作连贯

图 5-33　剪辑模式——一致性

（1）连续动作。拍摄过程中，要尽量选择连续的动作场景，并在后期剪辑时将它们巧妙地连接在一起。让不同场景中的动作连续流动，营造出一种无缝衔接的效果，使观众感觉仿佛有一场连贯的魔术在上演。

（2）点线面。利用 Vlog 中的点线面元素，可以将不同场景中的物体或人物有机地连接起来。比如，在一个场景中有一件物品，在下一个场景中使这件物品出现在另一个地方，观众会感觉物品在空间中移动，从而营造出一种神奇的效果。

（3）快速切换。利用快速的剪辑切换和过渡效果，可以让不同场景的动作紧密相连，营造一种动感十足的效果。观众会因为快速的剪辑切换而产生一种兴奋感，增加观看的乐趣。

（4）重复动作。在不同场景中设置相似或重复的动作，然后将它们连续播放，能让观众产生错觉，认为同一个动作在不同场景中重复出现。

（5）镜像效果。利用镜像和翻转，将不同场景中的动作形成镜像或对称的效果，能增强视觉冲击力，让观众产生奇妙的视觉感受。

Vlog 剪辑魔术通过动作的连贯和一致性，巧妙地将不同场景中的元素相互链接，能实现特别的效果。这种有创意的剪辑手法能够提升 Vlog 的观赏价值，吸引观众的注意力，让观众享受一场视觉上的魔法表演。

6. 剪辑流程

（1）整理素材并剪辑。在拍摄结束后整理所有素材，筛选出最好的镜头和片段，确保内容紧凑且流畅。使用视频剪辑软件，将素材按照叙事线索进行剪辑和排列，删去冗长或无关的部分。

（2）找音乐。音乐是 Vlog 剪辑中的重要元素，选择适合 Vlog 内容和情感氛围的背景音乐，并注意确保音乐版权合法。

（3）写文案。编写吸引人的标题和简介，用几句话概括 Vlog 的主题和亮点，吸引观众点击观看。

（4）补旁白。如果需要，可以在 Vlog 中添加旁白解说，用生动、流利的语言描述场景、情节和感受，增强观众的参与感。

（5）确定节奏。根据 Vlog 的内容和主题，控制剪辑的节奏。快节奏适用于活动丰富、有趣的场景，慢节奏适用于冥想、美食品尝等需要细腻表现的场景。

（6）处理细节。注意调整视频的色彩、亮度、对比度等细节，以确保画面质量和视觉效果。

（7）添加音效和字幕。为视频添加合适的音效，如环境声音、音乐等，增强观看体验。还可以添加字幕，特别是针对不同语言的观众，以便帮助他们更好地理解。

（8）简单调色。对视频进行简单的调色处理，使色调和整体风格更加统一和美观。

（9）预览和修改。完成初步剪辑后，预览 Vlog，并根据需要进行修改和优化，直至满意为止。

（10）导出和分享。完成剪辑后，导出视频并选择适当的平台和社交媒体分享 Vlog。

7. 注意事项

（1）保持自然和真实。Vlog 是以真实生活为基础的，要保持自然和真实的风格，不要刻意表演或过度修饰，以免失去观众的信任。

（2）与观众互动。Vlog 是一种与观众互动的形式，可以通过讲述自己的故事、回答观众问题、鼓励观众留言等方式与观众建立连接。

课后习题

一、判断题

1. 在拍摄风景类短视频时，画面构图和光线掌握不是必需的，可以选择忽略这些因素。（ ）

2. 在美食类短视频的拍摄中，配乐和镜头流畅性不是关键因素，可以适当忽略 。（ ）

3. 在卡点类短视频的拍摄中，画面的流畅性和视觉效果不是最重要的，可以优先考虑音乐节奏。（ ）

4. 在 Vlog 类短视频的拍摄中，故事性和剪辑不是最重要的，可以通过场景的选择和拍摄角度的变换来弥补。（ ）

5. 后期剪辑虽然重要，但并不能完全弥补前期拍摄的不足，所以前期拍摄的质量仍然至关重要。（ ）

二、单选题

1. 在拍摄风景类短视频时，下列哪个选项最能展现景色的美丽？（ ）

A. 近距离拍摄物体细节　　B. 使用广角镜头拍摄全景

C. 调整白平衡来增强色彩　　D. 添加背景音乐来增强氛围

2. 在美食类短视频的拍摄中，下列哪个选项最能捕捉食品的色、香、味、形？（ ）

A. 使用三脚架来稳定相机　　B. 调整灯光来增强食物的质感

C. 选择合适的拍摄角度来突出食物　　D. 配以文字描述食物的口感和特点

3. 在拍摄卡点类短视频时，下列哪个选项最能实现音乐和画面的完美卡点？（ ）

A. 按照音乐节奏来设计动作　　B. 使用自动化软件进行剪辑

C. 精确掌握每个镜头的时长　　D. 调整视频的色彩和对比度

4. 在 Vlog 类短视频的拍摄中，下列哪个选项最能讲述有趣的故事？（ ）

A. 添加背景音乐来增强氛围　　B. 使用特效来增强视频的表现力

C. 选择具有故事性的场景和镜头　　D. 配合语言和表情来传达情感和信息

5. 后期剪辑中，下列哪个选项最能增强风景类短视频的视觉效果？（ ）

A. 调整视频的色彩饱和度　　B. 添加过渡效果来减少画面突变

C. 剪辑掉视频中的冗余和重复部分　　D. 配以合适的背景音乐来增强氛围

6. 在美食类短视频的后期剪辑中，下列哪个选项最能营造出诱人的饮食氛围？（ ）

A. 调整视频的亮度来增强食物的质感　　B. 配以轻快的背景音乐来增强氛围

C. 加入食物特写镜头来突出细节和质感　D. 使用转场效果来连接不同镜头

7. 剪辑卡点类短视频时，下列哪个选项在后期剪辑中最容易实现音乐和画面的完美卡点？（　　）
   A. 使用自动化软件进行剪辑　B. 精确掌握每个镜头的时长
   C. 选择合适的音乐来搭配动作　D. 对视频进行调色和渲染
8. 在 Vlog 类短视频的后期剪辑中，下列哪个选项最能增强视频的故事性？（　　）
   A. 添加字幕来传达信息和情感　B. 使用特效来增强视频的表现力
   C. 选择具有故事性的场景和镜头　D. 配合语言和表情来传达情感和信息
9. 拍摄风景类短视频时，下列哪个选项最能提升画面质量？（　　）
   A. 使用高分辨率相机进行拍摄　B. 运用稳定器来减少画面抖动
   C. 选择合适的天气和光线条件　D. 对视频进行后期调色处理
10. 在美食类短视频的拍摄中，下列哪个选项最能突出食品的细节和质感？（　　）
   A. 使用特写镜头来捕捉食品细节　B. 加入食品的背景故事和历史文化元素
   C. 配以动感的背景音乐来增强氛围　D. 对视频进行后期色彩调整和特效处理

三、多选题

1. 在风景类短视频拍摄中，下列哪些因素是构图设计的重要考虑因素？（　　）
   A. 光线运用　B. 快门速度
   C. 声音效果　D. 视角选择
   E. 音效处理　F. 镜头组接
2. 在美食类短视频拍摄中，下列哪些手法可以增强作品的吸引力和艺术感？（　　）
   A. 使用合适的音效　B. 增加随机拍摄的镜头
   C. 大量使用特效　D. 利用不同的拍摄角度
   E. 运用单一光线
3. 在卡点类短视频制作中，下列哪些步骤是关键的注意点？（　　）
   A. 调整剪辑精度　B. 利用音效创造节奏感
   C. 随意选择音乐　D. 避免使用转场效果
   E. 不考虑观众的注意力
4. 在 Vlog 拍摄和后期制作中，下列哪些步骤是关键的技巧？（　　）
   A. 随意拍摄，后期再整理　B. 使用相同的拍摄角度
   C. 添加适当的背景音乐　D. 忽略色调处理
   E. 避免使用转场效果
5. 在拍摄 Vlog 类短视频时，下列哪些技巧可以增强观众的参与感？（　　）
   A. 运用第一人称视角拍摄　B. 加入即时评论和解说
   C. 捕捉日常生活细节　D. 运用特效和滤镜

四、思考题

1. 你认为制作出成功的 Vlog 有哪些关键因素？
2. 假如你打算制作一部卡点类短视频，在拍摄和后期制作过程中，如何确保视频与

音乐的节奏相符？你会选择什么样的镜头、剪辑方式和转场效果来增强卡点效果？举例说明你的思考过程。

五、案例分析题

美食类短视频作为一种新的传播形态并不是凭空出现的，它是以短视频和美食视频节目为形态基础，结合新的发展潮流进行整合而形成的一种集实用性、观赏性与娱乐性于一体的新的传播形态。在自媒体迅速兴起的背景之下，美食类短视频的创作者们通过在各大视频网站、社交平台上发布短视频作品，吸引了许多受众的注意力，赢得了广泛好评。美食类短视频不仅可以展示中华传统美食，还可以展示美食背后的故事以及美食蕴含的情怀和价值，潜移默化地提升受众的文化认同和文化自信，因此具备极大的发展潜力。

2012 年 5 月央视首播的《舌尖上的中国》让受众领略到中华美食文化的魅力，激发了全民对美食节目的观看欲望。这让视频传播平台看到了吸引受众关注的着力点，于是纷纷入局美食视频领域，借机推出了很多与美食相关的视频节目。比如《美食美课》《星厨驾到》《十二道锋味》《美味星婆媳》等，这些视频节目经过各大卫视和视频平台多种方式的运作，得到了广泛传播。2014 年以后，网络技术的赋能以及移动设备的普及推动了美食类短视频的发展。许多美食类短视频受到了人们的广泛关注而脱颖而出。其中，不仅有《日日煮》《醉额娘》《曼食慢语》《美食作家王刚》等注重实用主义的视频，也有《办公室小野》《滇西小哥》《绵羊料理》《丛林之家》等以创意取胜的视频，还有《李子柒》《一人食》等在介绍美食烹饪步骤的同时，注重给受众带来情感附加值的鸡汤类美食短视频，这些短视频制作精良，以美食烹饪为主线讲述温情感人的故事，不仅可以让人们体验一定的视觉享受，也能让人们得到情感的满足和心灵的治愈。

另外，还有很多视频主打乡村题材，拍摄乡村美食和乡村生活，典型代表视频博主有“巧妇 9 妹”“陕北霞姐”“华农兄弟”“闵晓熙”等。这些通过不同方式赢得受众喜爱的美食类短视频在各大视频网站和社交平台进行多渠道投放，收获了几百万人次、上千万人次的点击量，这在某种程度上也证明了美食类短视频的价值所在。

1. 请分析为什么美食类短视频受用户喜爱。
2. 请打开抖音，任选一个知名美食类短视频博主，分析其主要内容和主要特点。

参考文献

[1] 吴航行，卢文玉，肖雁心. 短视频编辑与制作［M］. 2版. 北京：人民邮电出版社，2023.
[2] 蔡勤，刘福珍，李明. 短视频策划、制作与运营［M］. 北京：人民邮电出版社，2021.
[3] 林亮景，佟玲. 短视频创作［M］. 北京：人民邮电出版社，2021.
[4] 刘庆振. 短视频制作全能一本通［M］. 北京：人民邮电出版社，2021.
[5] 王萍，姜玉声，任群. 短视频创作实战，抖音+剪映+Premiere［M］. 北京：人民邮电出版社，2022.
[6] 李梦杰. 美食类短视频的叙事研究，以《日食记》为例［D］. 广州：广州体育学院，2022.